乡村景观设计创新研究

刘安琪 著

陕西新华出版
陕西人民美术出版社
SHAANXI PEOPLE'S FINE ARTS PUBLISHING HOUSE
——西安——

图书在版编目（CIP）数据

乡村景观设计创新研究 / 刘安琪著. -- 西安：陕西人民美术出版社，2024. 11. -- ISBN 978-7-5368-4228-1

Ⅰ. TU986.2

中国国家版本馆CIP数据核字第2024L8R202号

责任编辑：白　雪
封面设计：徽墨文化
版式设计：徽墨文化

乡村景观设计创新研究
XIANGCUN JINGGUAN SHEJI CHUANGXIN YANJIU

作　　　者	刘安琪
出版发行	陕西人民美术出版社
地　　　址	陕西省西安市雁塔区登高路1388号
邮政编码	710061
经　　　销	新华书店
印　　　刷	廊坊市新景彩印制版有限公司
规格开本	710mm×1000mm　1/16
印　　　张	11.25
字　　　数	200千字
版　　　次	2025年7月第1版
印　　　次	2025年7月第1次印刷
书　　　号	ISBN 978-7-5368-4228-1
定　　　价	70.00元

版权所有·请勿擅用本书制作各类出版物·违者必究

前　言

　　乡村是中华优秀传统文化的源头和根基，也是孕育和传承中华文化的沃土。然而，随着城市化进程的加快，许多乡村地区面临人口流失、资源枯竭、生态退化等一系列问题。为了应对这些问题，党的十九大报告中提出了乡村振兴战略，旨在通过多方面的努力，实现乡村的全面振兴。在此背景下，乡村景观设计作为乡村建设的重要组成部分，其创新与可持续发展的实现，成了一个亟待研究的重要课题。

　　本书围绕乡村振兴背景下的景观设计创新展开研究，致力于从理论到实践，全面探讨如何通过科学合理的景观设计，推动乡村的生态保护、文化传承与经济发展。首先，本书介绍了乡村振兴战略的提出背景及其内涵，分析了该战略对景观设计的具体要求和目标，帮助读者理解国家政策的背景和意义的同时，为后续的设计实践提供了明确的方向。其次，本书深入探讨了传统乡村景观的历史演变、文化与生态价值，通过分析传统乡村景观，发掘其独特的美学价值和生态功能，并强调保护与利用这些宝贵资源的重要性。再次，本书阐述了景观设计的基本理论、原则和常用方法及一系列景观设计的创新理念，如可持续发展、生态设计、文化传承与创新设计等理念。接着，本书详细探讨了数字化和智能化技术在乡村景观设计中的具体应用，如GIS（地理信息系统）、BIM（建筑信息模型）、物联网（IoT）等技术的引入，在提升设计效率和精确度的同时，也为乡村景观的智能化管理提供了可能性。最后，本书讨论了乡村景观设计的实施策略、管理模式及实施中存在的问题与对策。如何有效地实施和管理乡村景观设计项目，解决实际过程中遇到的问题，确保设计理念落地生根，是当前必须面对和解决的重要问题。

本书致力于为乡村景观设计提供理论支持和实践指导，希望能够对相关领域的研究人员、设计师及关心乡村建设的广大读者有所帮助和启发，更希望通过深入的研究和探讨，助力乡村景观设计的创新发展，为乡村振兴战略的实施贡献一份力量。

刘安琪
2024 年 6 月

目 录

第一章 导 论 ……………………………………………………………… 1
    第一节 研究背景与意义 ………………………………………………… 1
    第二节 国内外研究现状 ………………………………………………… 2
    第三节 研究内容与方法 ………………………………………………… 4
    第四节 研究框架与结构 ………………………………………………… 6

第二章 乡村振兴战略与景观设计 …………………………………………… 8
    第一节 乡村振兴战略的提出与内涵 …………………………………… 8
    第二节 乡村振兴战略对景观设计的要求 ……………………………… 14
    第三节 乡村振兴背景下的景观设计目标 ……………………………… 20

第三章 传统乡村景观的特点与价值 ………………………………………… 25
    第一节 传统乡村景观的历史与演变 …………………………………… 25
    第二节 传统乡村景观的文化与生态价值 ……………………………… 35
    第三节 传统乡村景观保护与利用的必要性 …………………………… 46

第四章 乡村景观设计的理论与方法 ………………………………………… 59
    第一节 景观设计的基本理论 …………………………………………… 59
    第二节 乡村景观设计的基本原则 ……………………………………… 62

第三节　乡村景观设计的常用方法 …………………………… 77

第五章　乡村景观设计中的创新理念 …………………………… 97

　　　第一节　可持续发展理念 …………………………………… 97
　　　第二节　生态设计理念 ……………………………………… 107
　　　第三节　文化传承与创新设计理念 ………………………… 115

第六章　科技在乡村景观设计中的应用 ………………………… 134

　　　第一节　现代科技在景观设计中的作用 …………………… 134
　　　第二节　数字化技术与乡村景观设计 ……………………… 138
　　　第三节　智能化技术在乡村景观设计中的应用 …………… 152

第七章　乡村景观设计的实施与管理 …………………………… 156

　　　第一节　乡村景观设计的实施策略 ………………………… 156
　　　第二节　乡村景观设计的管理模式 ………………………… 160
　　　第三节　乡村景观设计实施中的问题与对策 ……………… 163

参考文献 …………………………………………………………… 170

第一章　导　论

第一节　研究背景与意义

一、研究背景

乡村是中华文化的根基所在，承载着丰富的历史文化和生态资源。自古以来，乡村不仅是我国农业生产的主要基地，更是传统文化的重要载体。然而，随着工业化和城市化进程的不断加快，乡村地区逐渐出现人口外流、资源枯竭、环境退化等一系列问题。大量的年轻劳动力涌入城市，导致乡村劳动力短缺，传统农业生产方式难以为继。同时，过度开发和不合理的土地利用方式，使乡村水土流失、生物多样性减少等生态环境恶化问题日益严重。

为了应对这些问题，党的十九大报告中提出了乡村振兴战略。乡村振兴战略旨在通过提升乡村的产业、人才、文化、生态、组织五个方面的水平，实现乡村的全面振兴。这不仅是一项经济发展战略，更是一个重构社会文化和生态环境的过程。乡村景观设计作为乡村建设的重要组成部分，在这一过程中发挥着重要作用。科学合理的景观设计，可以有效保护和利用乡村的自然及文化资源，提升乡村的环境质量和居民生活水平，促进乡村经济的可持续发展。具体来说，乡村景观设计不仅要考虑生态环境的保护和修复，还要融入地域文化的传承与创新。

二、研究意义

（一）理论意义

本书将在乡村振兴战略的框架下，结合生态学、文化学、社会学等多学科理论，构建具有中国特色的乡村景观设计理论体系。在提升景观设计学科的理论深度和广度的同时，也为其他相关学科的研究提供新的视角和方法。

（二）实践意义

本书将结合具体案例，探讨乡村景观设计的实际应用，为乡村建设提供可操作的景观设计方案和实施策略。通过对不同地区、不同类型乡村景观设计案例的深入分析，本书将总结出一套科学合理的设计方法和实施路径，其中既包含对乡村的生态环境特点和资源禀赋的考虑，又注重乡村的文化传承和社会发展需求，具有较强的操作性和适应性。在对乡村景观设计的效果评估和优化改进方面，通过持续的跟踪研究和反馈机制，不断完善和提升设计方案，确保乡村景观设计的实际效果。

（三）社会意义

通过提升乡村景观设计水平来改善乡村生态环境和人居环境，增强乡村居民的幸福感和归属感，推动乡村社会的和谐发展，是本书所做研究的重要目标之一。良好的乡村景观设计不仅可以提升乡村的环境质量，改善居民的生活条件，还可以促进乡村的社会文化重构，增强乡村社区的凝聚力和向心力。特别是在乡村振兴战略的背景下，科学合理的景观设计可以有效吸引乡村本土人口回流，促进乡村的可持续发展。此外，好的乡村景观设计还可以带动乡村经济的多元化发展，如推动乡村旅游业的发展、增加农民收入，为乡村的整体发展做出贡献。

第二节　国内外研究现状

一、国内乡村发展状况

中国的乡村建设伴随着中华文明的发展而不断演进。1949年以后，中国经济快速增长，农村地区也逐步走上城镇化发展的道路，农村居民开始重视住房建设和村貌改善，同时也开始大力培养人才，弘扬乡土文化。中国对农村整体规划的探索也逐渐深入。

20世纪50年代至90年代，中国农村的发展主要集中在基本生产和生活设施的改善方面，整体规划和环境建设较为滞后。改革开放以后，特别是在1978年至1990年期间，国家出台了一系列政策，从宏观上为中国农村的全面发展指明了方向。这些政策推动了农村建设的步伐，例如，农村家庭联产承包责任制的实施，使农民的生产积极性大幅提高，农村经济迅速发展。然而，这一时期的农村建设仍以经济发展为主，生态环境和文化传承方面的规划相对薄弱。

21世纪初，随着新农村建设计划的实施，中国农村建设进入了新的发展阶段。特别是"十二五"规划以来，在工业化、城镇化深入发展中同步推进农业现代化，成为国家重点任务。这一时期的政策更加注重综合发展，不仅关注经济效益，还开始重视生态环境和文化资源的保护与利用。例如，国家提出了美丽乡村建设的战略目标，要求在农村建设中充分考虑到对生态环境和文化遗产的保护。党的二十大以来，我国提出建设美丽中国的战略目标，并全面推进乡村振兴。各地开始探索符合本地特色的乡村发展路径，通过提升环境质量和传承文化，促进乡村的可持续发展。

二、国外农村景观规划探讨

自20世纪30年代起，西方国家便开始实施对落后农村的建设和研究。一些发达国家不仅美化了农村风景，还通过将高科技农业模式应用于农村建设从而增加了农产品生产量，改善了农民生活水平，从根本上缩小了城市与农村的收入差距。这些国家在农村景观规划方面的成功经验，为我国的乡村景观设计提供了宝贵的借鉴。

韩国通过对农村建设进行合理规划，提高了农业生产水平，改善了农民生活条件，促进了农村经济的发展。韩国的农村发展政策不仅注重提高农业生产效率，还关注农村基础设施建设和环境保护。通过一系列综合措施的实施，韩国农村的经济和社会面貌发生了显著变化。例如，韩国实施了"新村运动"，通过改善农业技术、提升农业基础设施、加强农村社区参与，提高了农村的整体发展水平。这一运动不仅提高了农民的收入，还改善了韩国农民的生活环境，使农村居民拥有与城市居民相似的生活品质。

法国在农村景观规划方面强调充分利用农村的自然和文化资源发展旅游

业，带动农村经济发展。法国的农村发展思路是，最大程度地使用农村土地和资源，同时注重文化、经济和社会资源的综合利用。通过发展特色旅游和农业，法国成功实现了农村经济的多元化发展。例如，法国政府大力支持农家乐和乡村旅游，通过政策引导和资金支持，促进农村经济多样化发展，同时保护自然资源和文化遗产。

荷兰通过土地改革和环境开发，提高了土地利用率和农业生产率。土地改革是20世纪荷兰农业发展中最重要的措施。荷兰通过土地改革启动土地发展规划，继而进行环境开发，将农业发展和生态环境保护有机结合。荷兰的经验表明，科学的土地管理和环境保护是实现农村可持续发展的重要前提。荷兰还通过"绿色城市"计划推动农业发展和生态保护的结合，大力推广有机农业和生态旅游，提升农村地区的可持续发展能力。

国外农村景观规划的成功经验表明，农村规划不仅要关注经济效益，还要注重生态环境的保护和农村文化的传承。通过学习和借鉴国外的先进经验，可以进一步推动我国乡村景观设计的理论研究和实践应用，提高乡村建设的科学性和可持续性。同时，结合我国实际，制定符合自身特点的发展策略，全面推进乡村振兴。

第三节　研究内容与方法

一、研究的主要内容

本书的研究主要围绕以下几个方面展开：

（一）乡村振兴战略与景观设计的关系

本部分旨在分析乡村振兴战略的提出背景和具体要求，并探讨其对景观设计的影响。通过详细解读战略文件，分析其政策目标、实施路径以及对乡村景观设计的具体要求，明确景观设计在乡村振兴中的角色和作用。重点探讨如何通过景观设计实现乡村生态环境改善、文化传承与创新、社会经济发展等目标，从而推动乡村全面振兴。

（二）传统乡村景观的特点与价值

本部分重点研究传统乡村景观的历史演变、文化与生态价值，探讨其保护与利用的必要性。通过梳理传统乡村景观的形成过程和演变规律，分析其文化内涵和生态价值，强调保护传统乡村景观的重要性。探讨在现代化进程中，如何合理利用传统乡村景观资源，实现传统与现代的有机结合。

（三）乡村景观设计的理论与方法

本部分重点阐述景观设计的基本理论、原则和方法，特别是乡村景观设计的创新理念。通过系统梳理景观设计的基本理论，结合乡村景观的特殊需求，提出适合乡村景观设计的基本原则和方法。特别是引入可持续发展、生态设计和文化传承等创新理念，探讨如何在设计中平衡生态保护与经济发展、传统文化与现代生活的关系。

（四）现代科技在乡村景观设计中的应用

本部分探讨的是数字化和智能化技术在乡村景观设计中的具体应用。通过介绍 GIS（地理信息系统）、BIM（建筑信息模型）、物联网（IoT）等技术在乡村景观设计中的应用，分析这些技术是如何提升设计效率和精度，促进景观设计智能化管理的。探讨在乡村景观设计中，如何利用现代科技形成高效、精准和可持续的设计方案。

（五）乡村景观设计的实施与管理

本部分研究景观设计的实施策略、管理模式及存在的问题与对策。通过分析景观设计实施过程中的关键环节和常见问题，提出科学合理的实施策略和管理模式。探讨如何通过有效的管理和监督，确保设计方案的顺利实施和长期维护。特别是针对乡村地区的特殊情况，提出适应性强、可操作性高的实施和管理对策。

二、研究的方法与步骤

（一）文献综述法

文献综述法旨在通过查阅大量国内外相关文献，系统梳理乡村景观设计的理论和实践成果，全面了解和掌握当前乡村景观设计领域的研究现状和发展趋势。通过对相关文献进行梳理和分析，提炼出研究的核心观点和关键问题，为后续的其他研究提供理论支持和方法指导。

（二）案例分析法

案例分析法通过对乡村景观设计具体项目的详细研究，揭示设计过程中存在的实际问题，提出相应解决方案。通过选取具有代表性的案例，从项目背景、设计理念、实施过程、效果评估等方面进行全面分析，总结成功经验，提炼普适性原则，为其他项目提供参考。

（三）实地调研法

实地调研法通过现场观察、访谈、问卷调查等方式，对具体的乡村景观设计项目进行实地调研，获取第一手资料，以深入了解乡村景观设计的实际情况和效果。调研内容包括乡村居民对乡村景观设计的需求和反馈、设计实施的具体情况、景观效果的实际表现等。通过实地调研，获得真实可靠的研究数据，丰富研究内容，提高研究的科学性和真实性。

（四）专家访谈法

专家访谈法旨在通过与景观设计领域的专家学者进行深入交流，获取他们对乡村景观设计的专业见解和建议。访谈内容包括专家对当前乡村景观设计的看法、对创新设计理念的建议、对具体设计项目的评价等。通过专家访谈，丰富研究视角，提升研究的专业性和深度。

第四节 研究框架与结构

本书的研究框架主要包括乡村振兴战略与景观设计的关系、传统乡村景观的特点与价值、乡村景观设计的理论与方法、乡村景观设计中的创新理念、科技在乡村景观设计中的应用、乡村景观设计的实施与管理等方面。以下为本书的研究思路框架（图1-1）。

第一章 导论

```
乡村景观设计创新研究
    │
    ├── 第一章 导论 ──┬── 研究背景与意义
    │               ├── 国内外研究现状
    │               ├── 研究内容与方法
    │               └── 研究框架与结构
    │
    ├── 乡村振兴战略的提出与内涵 ──┐
    ├── 乡村振兴战略对景观设计的要求 ──┤── 第二章 乡村振兴战略与景观设计
    ├── 乡村振兴背景下的景观设计目标 ──┘
    │
    ├── 第三章 传统乡村景观的特点与价值 ──┬── 传统乡村景观的历史与演变
    │                                   ├── 传统乡村景观的文化与生态价值
    │                                   └── 传统乡村景观保护与利用的必要性
    │
    ├── 景观设计的基本理论 ──┐
    ├── 乡村景观设计的基本原则 ──┤── 第四章 乡村景观设计的理论与方法
    ├── 乡村景观设计的常用方法 ──┘
    │
    ├── 第五章 乡村景观设计中的创新理念 ──┬── 可持续发展理念
    │                                   ├── 生态设计理念
    │                                   └── 文化传承与创新设计理念
    │
    ├── 现代科技在景观设计中的作用 ──┐
    ├── 数字化技术与乡村景观设计 ──┤── 第六章 科技在乡村景观设计中的应用
    ├── 智能化技术在乡村景观设计中的应用 ──┘
    │
    └── 第七章 乡村景观设计的实施与管理 ──┬── 乡村景观设计的实施策略
                                        ├── 乡村景观设计的管理模式
                                        └── 乡村景观设计实施中的问题与对策
```

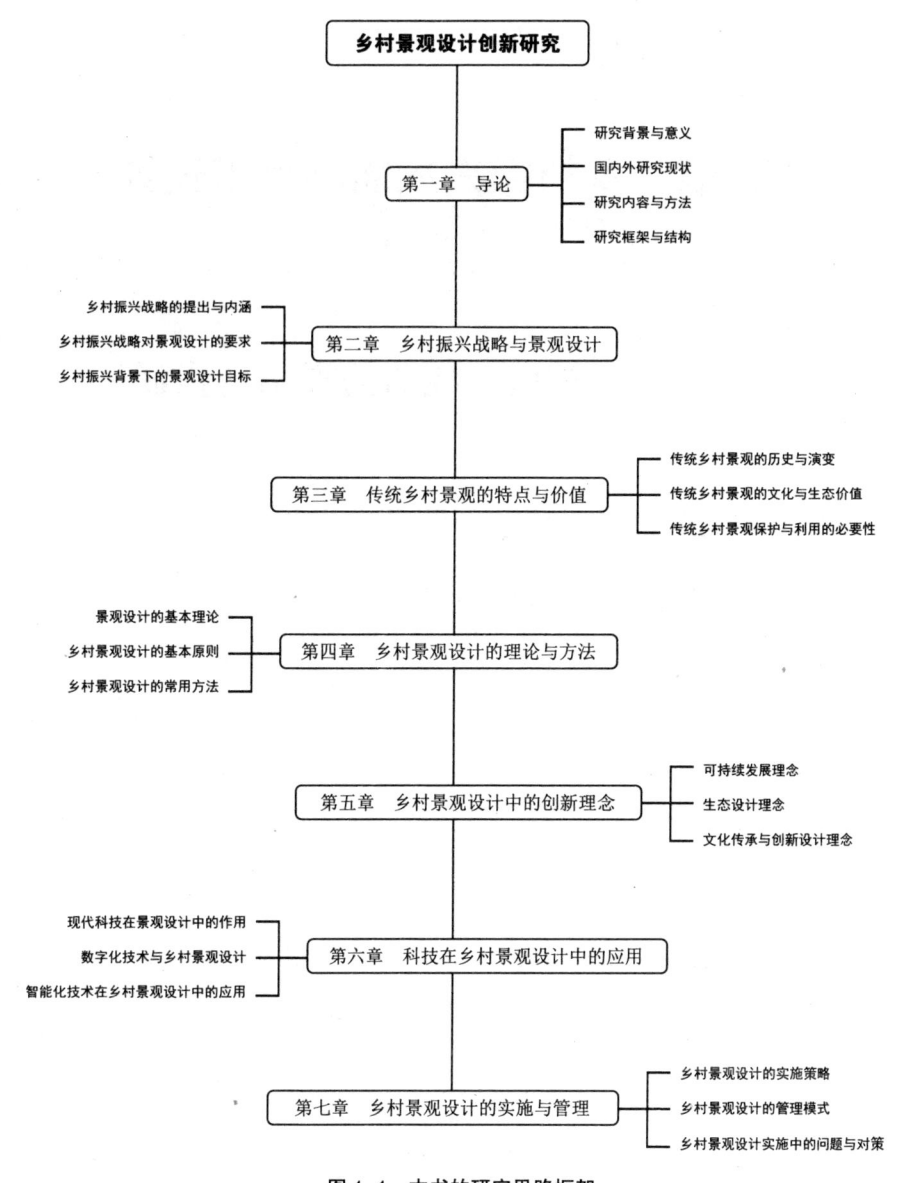

图 1-1 本书的研究思路框架

通过以上章节的结构安排，本书将系统、全面地探讨乡村景观设计的各个方面，为乡村振兴背景下的景观设计提供理论指导和实践参考。

· 7 ·

第二章 乡村振兴战略与景观设计

第一节 乡村振兴战略的提出与内涵

一、乡村振兴战略的历史背景

（一）理论背景："三农"思想的历史沿革

中国地大物博，农业资源丰富，无论在什么时期，农业始终在经济发展中占据重要地位。农业不仅是国家经济的基础，也是社会稳定和文化传承的重要保障。在漫长的历史发展过程中，农业一直是国家治理的核心内容，农业政策的制定和实施直接影响到社会的稳定与发展。

"三农"问题，即农业、农村、农民问题，一直是中国经济社会发展的关键。中华人民共和国成立以来，特别是在改革开放之后，党中央高度重视"三农"工作，不断提出和完善相关政策。无论是20世纪50年代的农业合作化运动，还是70年代末期的农村家庭联产承包责任制，都是解决"三农"问题方面的重要探索和实践。

改革开放以来，中国经济发展迅速，工业化和城市化进程不断加快，取得了举世瞩目的成就。然而，伴随着经济的快速增长，城乡之间的发展差距也日益扩大，农村的落后面貌与城市的现代化形成了鲜明对比。农村地区基础设施薄弱、公共服务不到位、生态环境恶化、人口大量流失等问题突出，成为制约国家全面发展的瓶颈。

进入21世纪，随着经济全球化和信息化的深入发展，城乡差距问题进一步凸显，尤其是经济的快速发展导致收入分化问题更加严重。在这种背景下，解决"三农"问题不仅成为经济发展的需要，更是实现社会公平、维护社会稳定的重要举措。为此，党中央提出了乡村振兴战略，旨在通过提升农村经济和社会发展水平，实现城乡协调发展，促进共同富裕。

（二）现实背景：新时代农村发展现状

农村是我国社会发展的根本所在，是承载中华民族优秀传统文化和生态文明的重要区域。然而，随着经济社会的发展，农村的发展现状面临诸多挑战。

1. 农村劳动力外流与社会结构改变

改革开放以来，中国的经济社会发生了翻天覆地的变化，物质财富极大提高，人民生活水平显著改善。然而，这一过程也改变了中国原有的社会结构和农村地区的面貌。大量农村青壮年劳动力涌入城市寻找发展机会，导致农村地区劳动力严重不足，田地荒芜，农业生产效率低下。农村原本就薄弱的产业基础受到致命打击，许多传统农业产业无法适应现代市场经济的要求，逐渐萎缩甚至消失。与此同时，随着城镇化进程的加快，农村人口大量流失，导致农村社区的社会结构发生了重大变化，家庭关系、邻里关系等传统社会纽带逐渐弱化，农村社会活力不足，发展后劲严重不足。

2. 城乡发展不平衡尤为明显

当前我国发展不平衡不充分问题比以往更为突出，虽然政府大力推进城乡一体化发展，但城乡二元发展的现实情况不容否认。城市的发展如同高铁疾驰，高楼大厦鳞次栉比，现代化基础设施完善，公共服务水平高，而农村则发展缓慢，基础设施较落后，公共服务水平较低，社会发展滞后，多数农村人口流失、财富流失成为事实。城乡之间的巨大差距不仅体现在经济收入和生活水平上，还体现在教育、医疗、文化等各个方面。这种不平衡发展制约着农村的可持续发展。

3. 农村发展要素配置不全

劳动力、资本、土地是促进经济发展的三个关键要素，在城乡发展过程中，这些要素的配置严重失衡。农村劳动力不断向城市集聚，导致农村人口老龄化严重，生产力水平下降；农村资本被城市吸收，农村金融服务体系不健全，资金匮乏导致发展后劲不足；土地不断被城市征用，农村建设用地和农业用地资源紧张，制约了农村的经济发展。土地资源的过度开发和利用，使得农村生态环境恶化,农业生产条件恶劣,进一步加剧了农村的发展困境。

面对如此复杂的农村发展现状,党中央从国家长远发展和战略全局出发,提出了乡村振兴战略,旨在通过系统的政策支持和科学的规划设计,全面提升农村经济、社会、文化和生态发展水平,实现城乡协调发展,构建美丽宜居的社会主义新农村。

二、乡村振兴战略的核心内涵

党的十九大报告明确指出,将"产业兴旺、生态宜居、乡风文明、治理有效、生活富裕"作为乡村振兴战略的总要求,指明了乡村振兴战略的方向,构成了乡村振兴战略的立论之魂。[①] 与之相对应的乡村产业振兴、乡村人才振兴、乡村文化振兴、乡村生态振兴、乡村组织振兴则成为乡村振兴战略的核心要义。

(一)乡村产业振兴

产业是乡村经济的支撑,它不仅是乡村人才实现创新创业的阵地,还是城市与工业资本、人才、技术等生产要素流向乡村的载体,同时也是服务乡村生活的基础保证。只有产业兴旺,物质条件改善,才有能力去打造生态宜居的社会主义新农村。所以产业振兴是乡村振兴战略的首要前提和保证。

1. 发展特色农业

特色农业的发展是乡村产业振兴的重要途径。每个地区都有其独特的自然资源和气候条件,发展特色农业不仅能够提高农产品的市场竞争力和附加值,还能有效利用地方资源,促进农村经济的多元化发展。例如,通过发展有机农业、高效农业和观光农业,能够吸引更多的消费者和游客,增加农民收入,推动农村经济的可持续发展。

2. 推进农业现代化

农业现代化是提升农业生产效率和竞争力的关键。通过引进先进的农业科技和设备,推广现代农业技术,提升农业的机械化、信息化和智能化水平,可以大幅提高农业生产力和资源利用效率。例如,通过智能化设备和信息系统,精确控制农作物的种植、灌溉、施肥和收获过程,不仅能够提高产量和质量,

---

① 习近平. 决胜全面建成小康社会夺取新时代中国特色社会主义伟大胜利:在中国共产党第十九次全国代表大会上的报告 [N]. 人民日报,2017 – 10 – 28(01).

还能减少资源浪费和环境污染。

3. 促进农村一、二、三产业融合发展

农村一、二、三产业融合发展是实现农村经济多元化和可持续发展的重要路径。通过发展农产品加工、乡村旅游、农村电商等新兴产业，促进农业与二、三产业的深度融合，能够有效增加农民收入，提升农村经济活力。例如，发展农产品加工产业，通过延伸农业产业链提高农产品的附加值；发展乡村旅游，通过利用农村的自然风光和文化资源吸引游客，带动相关产业的发展；发展农村电商，通过互联网平台拓展农产品的销售渠道，增加市场覆盖面。

（二）乡村人才振兴

人才是当今社会发展的重要因素，农村地区的发展，需要充分发挥人才的作用。乡村人才振兴的目的在于造就一支有知识、有技术、勇于奉献的队伍，秉承乡村振兴的理念，实现人才、土地、资金、产业汇聚的良性循环。

1. 加强农村教育培训

教育是提升农村劳动力素质的根本途径。通过各种形式的职业教育和技能培训，提高农民的综合素质和劳动技能，培养一批懂技术、会经营的新型职业农民。例如，通过开设农业技术培训班，传授现代农业知识和技能；通过提供创业培训，帮助农民掌握创业所需的知识和能力；通过开展文化教育，提高农民的文化素养和社会适应能力。

2. 吸引城市人才回流

城市人才的回流是提升农村发展动力的重要途径。通过政策引导和激励措施，吸引更多的城市人才和专业技术人员到农村创业就业，为乡村振兴注入新鲜血液和智力支持。例如，通过提供住房补贴、创业资金支持和税收优惠等政策，吸引城市青年和专业技术人才返乡创业；通过建立农村人才服务平台，为返乡人才提供信息咨询、政策解读和创业指导等服务，帮助他们顺利融入农村发展。

3. 鼓励创新创业

创新创业是激发农村经济活力的重要手段。支持农村青年和返乡人员开展创新创业，提供创业资金、技术支持和市场信息，营造良好的创新创业环境。例如，通过设立农村创业基金，为有创业意愿的农民提供资金支持；通过建立农业科技园区，为农民创新创业提供实验平台和技术支持；通过举办创新创业大赛，鼓励和激发农村青年和返乡人员的创业热情，推动农村经济的创新发展。

（三）乡村文化振兴

乡村文化是在乡村的漫漫历史长河中逐渐形成的，它源于农村的生产生活，是乡村精神生活的凝聚。文化振兴对乡村振兴的影响深远。

1. 保护和弘扬传统文化

传统文化是乡村的精神财富和文化根基。通过保护具有历史文化价值的传统村落、古建筑，挖掘和传承地方特色文化，增强农民的文化自信。例如，通过建立传统文化保护区，对具有历史文化价值的古村落、古建筑进行修复和保护；通过开展民俗文化活动，传承和弘扬地方特色的民间艺术和传统节庆活动；通过出版地方文化史料，记录和宣传地方文化遗产。

2. 推动文化产业发展

文化产业是提升乡村文化软实力的重要途径。发展文化创意产业、乡村旅游、民间艺术等，提升乡村文化软实力，促进文化与经济的融合发展。例如，通过发展文化创意产业，利用地方文化资源创作和生产具有地方特色的文化产品；通过发展乡村旅游，利用乡村的自然风光和文化资源吸引游客，带动相关产业的发展；通过支持民间艺术，鼓励和扶持民间艺术家创作和表演，丰富乡村文化生活。

3. 提升农民文化素养

文化素养是农民整体素质的重要方面。通过开展各种形式的文化活动和教育培训，丰富农民的精神文化生活，提高农民的文化素养和文化水平。例如，通过开展农村文化节、文艺演出、电影放映等活动，丰富农民的文化生活；通过开设文化讲座、开展读书会等活动，提升农民的文化素养；通过倡导文明礼仪、弘扬家庭美德等，提高农民的社会文明程度。

（四）乡村生态振兴

生态文明建设是乡村振兴及乡村持续健康发展的重要保障。良好的农村生态环境是村民美好生活的基础。生态振兴包括加强农村生态环境保护和修复、推进绿色农业发展、改善农村人居环境等。

1. 加强生态环境保护

生态环境是乡村的生命线。通过保护和修复乡村的山水林田湖草等自然生态系统，防止生态环境遭到破坏和污染，提升乡村的生态质量。例如，通过实施生态保护工程，保护和恢复重要的生态系统和自然景观；通过加强环境监测和执法，防治环境污染；通过开展生态文明教育，提升农民的生态环保意识。

2. 推进绿色农业发展

发展绿色农业是实现乡村生态振兴的重要途径。通过推广生态农业、循环农业等绿色农业模式，减少农业生产对环境的负面影响，提升农业的生态效益。例如，通过推广有机农业，减少农药和化肥的使用，保护土壤和水资源；通过发展循环农业，利用好农业废弃物和副产品，促进资源循环利用；通过实施农业节水工程，提高农业用水效率，保护水资源。

3. 改善农村人居环境

改善人居环境是提升农民生活质量的重要手段。通过改善农村基础设施和公共服务，提升农村居民的生活环境和生活条件。例如，通过实施农村基础设施建设项目，改善农村的道路、供水、供电等基础设施；通过建设农村公共服务设施，提升农村的教育、医疗、文化等公共服务水平；通过开展农村环境整治行动，清理垃圾、改造厕所、绿化美化村庄，提升农村的整体环境质量。

（五）乡村组织振兴

乡村组织振兴旨在提高基层党组织的活力，让基层党组织更好地嵌入乡村生活，发挥组织、动员和协调功能。

1. 加强农村基层党组织建设

党组织是乡村治理的核心力量。通过加强农村基层党组织建设，提高党组织的战斗力和凝聚力，发挥党组织在乡村振兴中的领导核心作用。例如，通过加强党员教育培训，提高党员的政治素质和业务能力；通过完善党组织的工作机制，提升党组织的工作效能；通过开展党员志愿服务，发挥党员的先锋模范作用，密切党群关系，增强党组织的凝聚力和影响力。

2. 完善农村基层治理体系

健全的治理体系是实现乡村振兴的重要保障。通过完善农村基层治理体系，提升基层治理能力和水平，构建和谐稳定的农村社会。例如，通过健全村民自治制度，发挥村民在村务管理中的主体作用；通过加强村级组织建设，提升村"两委"班子的治理能力和服务水平；通过推进乡村治理信息化建设，利用信息技术提升治理效率和透明度。

3. 推进村民自治

村民自治是乡村民主政治建设的重要内容。通过推进村民自治，提升村民的民主参与意识和能力，促进基层民主政治的发展。例如，通过完善村民代表大会制度，保障村民的民主权利；通过加强村民委员会建设，提升村民自我管理、自我服务的能力；通过开展民主选举、民主决策、民主管理和民主监督，增强村民的民主意识和政治参与热情。

第二节 乡村振兴战略对景观设计的要求

一、生态环境保护要求

（一）自然资源保护

水资源是乡村生态系统的重要组成部分。保护水资源不仅能够维持生态系统的健康，还能为农业灌溉和居民生活提供保障。在景观设计中，可以通过构建雨水收集系统和生态湿地来减少水资源浪费，防止水污染。例如，设计雨水花园、透水铺装等设施，使雨水能够得到有效渗透和储存，减少地表径流和水土流失。其中，雨水花园通过植物和土壤的综合作用，能够有效吸收和过滤雨水中的污染物，减少水污染。透水铺装则通过增加地面的渗透能力，减少地表径流和水土流失，改善土壤水分状况，增加地下水补给。

生态湿地不仅可以净化水质，还可以提供生物栖息地，促进生物多样性。湿地通过物理、化学和生物作用，能够有效去除水中的悬浮物、有机物和重金属等污染物，改善水质。同时，湿地作为生物栖息地，能够为鸟类、鱼类和两栖动物等提供栖息和繁殖场所，促进生物多样性。

土壤是农业生产的基础，也是乡村景观的重要组成部分。通过实施水土保持措施，如植被恢复、梯田建设等，可以防止土壤侵蚀和土地退化。例如，在坡地上种植适宜的植被，可增加土壤覆盖，减少水土流失；在平地上修建梯田，可以改善土地利用效率和水分管理。植被恢复可以采取种植本地草种、灌木和乔木等方式，改善土壤结构和肥力。梯田建设可以通过修筑梯田和合理的灌溉管理，优化土地利用，提高水分利用效率，增强农业生产的可持续性。

（二）生态修复与重建

对于已遭破坏的生态环境，开展生态修复与重建工程是恢复乡村自然生态功能的关键措施。

植被恢复是生态修复的重要手段。植被恢复不仅有助于防止水土流失，还能提高生态系统的稳定性和生产力。植被恢复通过增加地表覆盖，减少雨水径流和土壤侵蚀，改善水分循环和土壤结构，提高土地的生态服务功能。退耕还林还草工程就是一种植被恢复方式。例如，在荒地种植本地树种和草本植物，能够恢复自然植被，保护生物多样性，改善土壤肥力。

河流湖泊是乡村生态系统的重要组成部分。通过河道整治、湿地恢复等措施，可以改善水质，恢复水生态系统。例如，清理河道垃圾，修复河岸植被，建设人工湿地等，提高水体自净能力，恢复水体生态功能。恢复生物湿地植被和生态功能，可以净化水质，提供栖息地，促进生物多样性，改善生态环境。

生态廊道是连接分散的生态斑块的重要通道。通过建设生态廊道，可以促进物种迁移和基因交流，增强生态系统的连通性和稳定性。例如，在乡村景观设计中，设置生态廊道连接森林、湿地、草地等生态斑块，提供物种迁移的通道，促进生物多样性。

（三）绿色基础设施建设

在乡村景观设计中融入绿色基础设施建设，可以增强乡村的生态承载能力和环境宜居性。

绿色道路不仅具备交通功能，还注重道路两侧的绿化和生态景观建设，能够减少道路对环境的破坏。例如，在道路两侧种植本地树种和花卉，形成绿化带，改善道路景观和空气质量；设计透水铺装，减少地表径流和水土流失，改善土壤水分状况，增加地下水补给，提升道路的生态功能。

生态公园通过营造多样化的生态景观，提供休闲娱乐和环境教育的场所。例如，设计步道、观景台、儿童游乐区等，为公众提供休闲娱乐的空间；设置科普教育区，宣传生态保护知识，增强公众的环保意识。

湿地保护区通过保护和恢复湿地生态系统，提供水质净化、洪水调节和生物栖息地等生态服务。例如，修复退化的湿地，恢复湿地植物和动物群落，提高湿地的生态功能；设置湿地观赏区和科普教育区，加深公众对湿地保护的认识和参与。

二、文化传承与创新要求

（一）文化遗产保护

乡村拥有丰富的历史文化资源，包括传统建筑、历史遗迹、古树名木等。景观设计应考虑到对这些文化遗产的保护和修复。

传统建筑是乡村文化的重要载体，承载了乡村的历史记忆和文化内涵。应对具有历史价值的传统建筑进行维护和修缮，保持其原有的风貌和结构。例如，对古村落中的传统民居进行修复，保留其传统建筑风格和工艺，避免现代化改造对其造成的破坏。修缮过程中应注重使用传统材料和工艺，确保修缮后的建筑能真实反映历史风貌，维持建筑的历史价值和文化意义。

历史遗迹记录了乡村的历史变迁和文化发展。应对历史遗迹进行科学保护和展示，避免过度开发和破坏。例如，设置历史遗迹保护区，保护古道、古桥、古庙等历史遗迹，建设展示中心，向公众介绍其历史背景和文化价值。展示中心可以通过实物展览、互动展示和多媒体演示等形式，丰富公众的体验，增强公众对历史遗迹的了解和认同。此外，应定期开展考古和文物保护研究，确保历史遗迹的科学保护和可持续利用。

古树名木是乡村生态和文化的见证，具有重要的生态、景观和文化价值。应对古树名木进行保护和管理，确保其健康生长，延续遗产价值。例如，设置保护围栏，防止人为破坏；进行科学养护，改善生长环境，延长古树名木的寿命。科学养护包括土壤改良、病虫害防治和适时修剪等措施，这些措施能够确保古树名木的健康生长，有效发挥生态功能。同时，应通过设立科普教育牌，组织公众参与相关活动，增强其对古树名木的保护意识。

（二）乡土文化融入

在景观设计中充分体现乡土文化特色，可以增强乡村景观的文化魅力。

在建筑设计中采用地方传统建筑风格和工艺，体现地域特色和文化内涵。例如，使用本地材料和传统工艺，设计具有地方特色的民居、公共建筑等，保留乡村的传统风貌和文化特色。同时，建筑设计应注重与自然环境相协调，体现人与自然和谐共生的理念，增强乡村景观的整体性和美感。

在公共空间布置中融入有地方特色文化的雕塑、壁画和装饰品，展示地方文化魅力和艺术特色。例如，在广场、公园等公共空间放置地方民间艺术品，展示地方的文化风情和艺术特色。雕塑和壁画可以展现乡村的历史故事、民俗传说和乡土风情，增加公共空间的文化氛围和艺术魅力。通过展示艺术品，可以传承和弘扬地方文化，增强公众的文化认同感和自豪感。

在节庆活动和文化广场设计中展现当地的民俗活动和文化特色，增强乡村的文化氛围和居民的文化认同感。例如，设置传统节庆活动场地，举办当地的民俗节庆活动，展示地方的文化传统和风俗习惯。节庆活动包括传统节日庆典、民间文艺表演和农耕文化展示等。通过举办多样化的文化活动，可以丰富公众的文化生活，活跃乡村文化氛围，促进文化交流和融合，增强乡村社区的凝聚力和向心力。

（三）文化创新与发展

在保护和传承乡村文化的基础上，融入现代设计理念，实现文化创新与发展。文化创新不仅是对传统文化的继承和发展，更是对现代生活方式和审美需求的回应。例如，在传统建筑的修缮和改造中，可以融入现代的功能需求和环保技术，使其既保留传统风貌，又具有现代生活所需的舒适性和便利性。

可以在文化活动和公共空间的设计中引入现代艺术和创意设计，提升文化体验和艺术价值。例如，利用现代多媒体技术和互动装置，增强文化展示的趣味性和互动性，提高公众的参与感和体验感。现代设计和技术的应用，可以丰富乡村文化的表现形式和传播途径，促进文化的创新和发展。

三、经济与社会效益要求

（一）促进产业发展

通过景观设计提升乡村旅游、休闲农业等产业的发展水平，可以增加农民收入，促进乡村经济发展。

在乡村旅游方面，景观设计应注重旅游资源的开发和景点的打造，通过提供独特的旅游体验吸引游客前来观光和消费。旅游景点的设计应结合当地自然风光和文化特色。例如，通过设计独具特色的旅游景点、观光路线和休闲设施，如观景台、步道、农家乐等，展示乡村的自然风光和文化特色。观景台可以设置在风景优美的高处，提供全景视角的自然美景观赏。步道则可以精心连接起各个景点，方便游客游览。农家乐不仅可以提供传统的乡村美食，还可以通过提供农事活动体验，如采摘水果、饲养家禽等，增加游客的参与感和体验感。在设计过程中应注重保护自然环境和文化遗产，避免过度开发和商业化，确保旅游业的可持续发展。

在休闲农业方面，通过设计观光农业园区、农家乐和生态农场，提供农业体验和休闲娱乐服务，带动相关产业的发展。在观光农业园区可以设计多种主题的农业景观和互动体验项目，如花卉观赏园、果蔬采摘园、农耕体验区等，让游客亲身参与农业活动，体验农耕乐趣。在生态农场可以展示有机农业、绿色种植等现代农业技术，吸引游客关注农业发展，推动农产品的销售和品牌建设。

在文化创意产业方面，通过设计文化创意园区、手工艺作坊和文化体验中心，吸引文化创意产业进驻乡村，推动乡村经济多元化发展。文化创意园区可以提供艺术创作、展示和交流的平台，吸引艺术家和创意人才定期举办艺术展览和文化活动，丰富乡村文化生活。手工艺作坊可以展示和销售地方特色手工艺品，如编织、刺绣、陶艺等，增加农民收入，传承地方文化。在文化体验中心可以开展文化活动和培训，传承和创新地方文化，增强乡村的文化吸引力和竞争力。

（二）提升居住环境

改善农民的居住条件和生活环境，是提升乡村整体居住质量的重要措施。

景观设计应注重居住区的功能布局、环境美化和基础设施建设。

在功能布局方面，通过科学规划和合理布局，提升住宅区的舒适度和功能性及居民的生活便利性。例如，合理分区布局住宅、公共服务设施和绿地，方便居民生活。住宅区应设置步行道、自行车道和停车场，改善交通条件，方便居民出行。社区内应设置社区服务中心、卫生站等，提供便捷的公共服务，提高居民的生活质量。

在环境美化方面，通过绿化和景观营造，改善居住区的环境质量和景观视觉效果。例如，在住宅区内外种植树木、花卉，铺设草坪，建设小型公园和花园，营造绿色宜居的环境。通过种植多种本地树种和花卉，增加绿化覆盖率，改善空气质量和小气候，提升居民的居住体验。设计美观的公共空间和景观小品，提升环境的视觉吸引力和艺术氛围。例如，可以在社区公园内设置雕塑、小桥流水等景观元素，增加景观的多样性和美观性，提升社区的文化内涵和艺术氛围。

在基础设施建设方面，通过完善供水、供电、道路、通信等基础设施，提升居民的生活便利性和舒适度。例如，建设和维护供水、排水系统，确保居民用水安全和卫生；改造和修建道路，提高交通便利性和安全性；完善通信基础设施，提供高速互联网和通信服务，方便居民信息交流和工作生活。

在社区公共空间和服务设施方面，通过设置社区中心、文化广场、健身场所等，提供丰富的社区活动和服务，提升居民的生活品质和幸福感。例如，建设多功能社区中心，为居民提供会议、活动和服务的场所；设置文化广场，举办文化活动和节庆庆典，丰富居民的文化生活；设置健身场所，提供运动和健身设备，促进居民健康生活。

（三）增强社区凝聚力

通过公共空间设计和社区活动场所建设，可以促进居民的交流互动，增强乡村社区的凝聚力和归属感。

在公共空间设计方面，通过设计多功能社区中心、文化广场和社区公园等公共空间，为居民提供交流互动的场所。例如，设计多功能社区中心，提供会议室、活动室、图书馆等多种功能空间，方便居民开展各种活动。在多功能社区中心可以举办各种社区活动，如讲座、培训、文化交流等，丰富居民的文化生活，增强社区的凝聚力。在文化广场可以设置露天剧场、表演舞台等设施，举办社区活动和文化演出，提升居民的活动参与感。社区公园可以提供休闲、娱乐和健身的场所，丰富居民的娱乐活动。

在儿童游乐区和老年人活动区设计方面，通过满足不同年龄段居民的需求，增强社区的包容性和凝聚力。例如，在儿童游乐区设置滑梯、攀爬架、沙坑等游戏设施，为儿童提供安全、欢乐的活动场所。儿童游乐区还应注重设施的安全性和趣味性，应提供丰富的游戏体验，满足儿童的成长需求。在老年人活动区设置棋盘、健身器材、休闲座椅等设施，并提供适合老年人活动的空间，促进老年人的社交和身心健康。老年人活动区还应注重设施的舒适性和便利性，提供丰富的活动选择，满足老年人的健康需求。

在社区活动组织与开展方面，通过组织和开展如文化节庆活动、体育比赛、志愿服务活动等，增强居民的参与感，促进社区的和谐与稳定。例如，举办传统节庆活动，展示地方文化和民俗，增强居民的文化认同和自豪感。文化节庆活动包括传统舞蹈、民俗表演、美食节等，可以丰富居民的文化生活，增强社区的凝聚力。组织体育比赛和健身活动能够促进居民的身体健康，增加社区的互动、交流与合作。体育比赛包括篮球、足球、乒乓球等多种项目的比赛，可以丰富居民的体育生活，增强社区的活力。开展志愿服务，倡导互助互爱，能够增强社区的凝聚力和居民的社会责任感。志愿服务活动包括环境清洁、社区服务、敬老助残等，可以提升社区的和谐与稳定。

第三节 乡村振兴背景下的景观设计目标

一、历史统一性与时代多样性的平衡

乡村景观规划要遵循历史统一性和时代多样性的平衡。乡村景观是在几千年农耕文明中逐渐形成的，具有很强的生态适应性。因此，在乡村景观设计过程中，既要尊重乡村的历史发展脉络，又要考虑现代生活的需求，做到传统与现代的有机结合。

（一）传统与现代的融合

传统与现代的融合是乡村景观设计的核心目标之一。在设计过程中，应通过对传统元素的现代化处理，实现传统与现代的有机结合。例如，可以在传统农田景观中，结合现代农业科技，建设现代化的农业观光园区，使传统农业与现代科技相结合，既保留传统的田园风貌，又提升农业的生产效率和观赏价值。

在这一过程中，设计师应充分考虑如何将现代科技无缝融入传统农业中。通过利用智能灌溉系统、无人机监测等高科技手段，不仅可以提高农业生产效率，还能对农业环境进行实时监测和管理，减少资源浪费和环境污染。同时，在景观设计中，可以保持传统农田的布局和景观特点，如梯田、田埂、沟渠等，增强游客的田园体验感。通过设置观景平台、农业展示区和体验农场，游客可以参与到农业活动中，感受现代科技与传统农业的碰撞和融合。

例如，在江南水乡地区，传统农业景观设计可以结合当地丰富的水资源，设置水稻田和鱼塘互利共生的生态系统。游客可以亲自参与插秧、捕鱼等活动，提升活动参与度，同时利用现代科技手段向游客展示水稻生长过程，普及农业知识。在北方黄土高原地区，可以利用当地特有的黄土梯田景观，结合现代农业机械和环保技术，建设高效、环保的农业观光园区，既展现传统农业的魅力，又符合现代环保和可持续发展的要求。

（二）历史脉络的延续

在景观设计中，保持历史脉络的延续是实现历史统一性的关键。通过对历史脉络的深入研究和分析，在设计中合理融入历史元素，延续乡村的历史记忆和文化传承。例如，在乡村道路的设计中，可以保留和修复原有的古道和桥梁，增设历史文化标识牌，增强游客和居民对乡村历史的认知和理解。

历史脉络的延续不仅是对物质文化遗产的保护，还是对非物质文化遗产的尊重和传承。设计师可以在景观设计中融入传统节庆、民间传说、地方工艺等，也可以设置专门的文化展示区，展示当地的历史文物和文化遗产，通过互动展示和体验活动，让游客深入了解当地的历史文化。此外，通过举办传统节庆活动，如庙会、民俗表演等，可以增强游客和居民对乡村历史文化的认同感和归属感。

例如，在设计乡村道路时，可以利用现代多媒体技术，在标识牌上增加二维码或AR（增强现实）互动功能，游客可以通过扫描二维码或使用AR设备，观看相关的历史视频或虚拟复原图像，增加乡村历史文化展示的生动性和趣味性。

二、环境适应性与可持续发展

乡村景观设计应充分考虑环境适应性和可持续发展。在城市化进程中，乡村逐渐向"城市化"转变，村民生活方式也在不断地转变，生活节奏开始加快。因此，景观设计应在提升乡村生活质量的同时，注重生态环境的保护和可持续发展。

（一）生态修复与景观恢复

生态修复与景观恢复是实现可持续发展的重要途径之一。通过生态修复技术，恢复被破坏的自然景观，建设生态廊道，增强生物多样性，实现人与自然的和谐共生。例如，可以通过植树造林、湿地修复等措施，恢复乡村的自然生态系统，增强景观的生态功能。

在具体实施过程中，生态修复应结合当地的自然条件和生态特点，采用科学合理的技术和方法。例如，在植树造林时，应选择适合当地气候和土壤条件的树种，进行合理的布局和规划，形成多层次的植被结构，增强生态系统的稳定性和抗逆性。在湿地修复时，可以采用自然恢复和人工干预相结合的方法，恢复湿地的水文条件和生态环境，增加湿地的生物多样性和生态服务功能。同时，可以设置生态教育和体验区，向游客展示生态修复的成果和意义，增强其生态保护意识。

例如，在长江流域的湿地修复项目中，可以通过退耕还湿、恢复自然水系等措施，重建湿地的生态功能，并在湿地周围设置观鸟台、生态步道和科普展示区，向游客展示湿地生态系统的重要性和修复过程。通过这些措施，不仅恢复了湿地的生态功能，还为游客提供了生态教育和体验的机会，增强了其对湿地保护的认知和参与。

（二）可持续设计理念的应用

在景观设计中，应用可持续设计理念，能够减少对环境的影响，提高资源的利用效率。例如，采用雨水收集和利用系统，减少水资源的浪费；通过绿化屋顶和墙面，增加绿地面积，降低建筑能耗；利用太阳能和风能等可再生能源，减少对传统能源的依赖，实现乡村的绿色发展。

在具体设计时，可持续设计理念应贯穿于整个设计过程和实施环节。例如，在建筑设计中，采用绿色建筑材料和节能技术，减少建筑过程中的资源消耗和环境污染。通过设置雨水收集和利用系统，将雨水收集起来用于景观灌溉和生活用水，减少自来水的使用量。在景观绿化中，可以选择耐旱、耐寒、抗病虫害的植物，减少维护和管理的成本和资源消耗。同时，可以利用太阳能和风能等可再生能源，满足景观照明和设施用电的需求，实现能源的自给自足和可持续利用。

例如，在乡村公共建筑的设计中，可以采用太阳能电池板为建筑提供电力，利用雨水收集系统为景观灌溉和厕所冲洗提供水源，并通过绿化屋顶和垂直绿化墙面，增加建筑的绿地面积，改善微气候和空气质量。这些可持续设计措施不仅提高了资源利用效率，减少了环境污染，还提升了建筑和景观的美观性和生态功能，符合现代绿色发展的理念。

三、文化与景观的互动

乡村的振兴不仅是乡村经济的发展，更是乡村文化的复兴和传承。因此，乡村景观设计应注重文化与景观的互动，通过景观设计激发乡村文化的活力。

（一）文化活动场所的设计

设计文化活动场所是增强乡村文化活力的重要措施之一。通过设计多功能的文化活动场所，满足村民和游客的文化需求。例如，可以在乡村的公共空间设置露天剧场、文化广场等，举办各种文化活动和演出，增强村民的文化认同感和自豪感，促进乡村社区的凝聚力和向心力。

在设计过程中，文化活动场所应具备灵活性和多功能性，能够适应不同规模和类型的活动需求。例如，可以设计可拆卸的移动露天舞台，方便开展各种演出和活动；设置多功能文化广场，可以用于开展节庆、集市、体育运动等活动；建设文化活动中心，可以提供图书阅览、手工艺制作、文化交流等多种服务。通过设计这些文化活动场所，可以丰富村民的文化生活，增强乡村社区的文化氛围，促进乡村的社会融合。

　　还可以在乡村的中心广场，设计一个可供不同活动使用的多功能空间，包括露天剧场、活动广场和集市等。通过定期举办文化演出、节庆活动和集市活动，不仅能丰富村民的文化生活，还能吸引游客，增加乡村的经济收入。同时，可以在广场周围设置文化墙，展示当地的历史文化和民俗风情。

（二）非物质文化遗产的展示与传承

　　通过景观设计展示和传承非物质文化遗产，是乡村文化复兴的重要途径。可以在景观设计中融入当地的非物质文化遗产，如开展民俗活动、手工艺展示等，增加乡村景观的文化厚度和吸引力。例如，在景观设计中设置传统手工艺的展示和体验区域，让游客和村民可以亲身参与，了解和传承传统文化。

　　非物质文化遗产的展示与传承需要注重互动性和体验感。例如，在传统手工艺展示区，由当地的工艺师现场制作和讲解，让游客在观赏的同时，亲自动手体验制作过程，感受传统技艺的魅力。此外，还可以设立专门的文化教育和传承基地，培养和培训新的手工艺传承人，确保传统技艺得以延续和发扬光大。例如，在云南省的某个乡村，可以建立一个刺绣工艺传承基地，邀请当地的刺绣艺人担任教师，招收对刺绣感兴趣的年轻人进行培训。这种方式不仅能保护和传承刺绣技艺，还能促进当地的就业与经济发展。

第三章　传统乡村景观的特点与价值

第一节　传统乡村景观的历史与演变

一、传统乡村景观

"景观"概念源于自然景观和人文景观的结合，是人们在观察和创造美的过程中形成的视觉图像的总和。从地理学的角度来看，景观指的是自然美景及某个区域的综合特征，包括自然风景、经济生产、历史人文等，由它们构成一个人与环境相协调的有机整体。景观生态学家则认为，景观是由斑块、廊道、基质等构成的生态系统。景观是动态发展的，人类在自然美景中认知美，通过与自然的互动融合，形成独特的精神文化层面的审美特性，由此创造出人文景观，并进一步发展为地理学和景观生态学的系统性景观科学，其中包括景观的人文价值、经济效益、视觉美学和可持续发展等多个方面。

（一）景观的定义

1.景观的地理学定义

在地理学领域，景观通常被视为某个区域内自然特征和人文活动的综合体现。具体而言，景观包括山川河流、植被和动物，以及人类活动所创造的文化和经济特征，如农业田园、乡村聚落、历史遗址等。地理学家强调景观的综合性和整体性，认为景观是一个动态发展的系统，受到自然和人文因素的共同影响。因此，景观不仅是地表形态和生态系统的集合，也是人类社会活动的场所和载体。

2. 景观生态学的视角

景观生态学将景观视为一个由斑块、廊道、基质等不同元素构成的生态系统。这一视角强调景观的结构和生态功能，关注不同景观单元之间的相互作用和物质、能量的流动。斑块指的是景观中相对同质的区域，如森林斑块、农田斑块。廊道是指连接不同斑块的线性结构，如河流、道路。基质则是景观的背景和主要组成部分，如广袤的草原或耕地。景观生态学家研究景观的空间结构、过程和功能，旨在揭示景观的生态规律，指导景观规划和管理，实现生态系统的可持续发展。

3. 景观的美学与文化内涵

景观不仅具有地理和生态的属性，还承载着丰富的美学和文化内涵。景观的美学价值体现在其视觉特征和带给人的感官体验上，人对景观的观察、感受和审美活动，能够使景观成为人心中的美好图像。文化内涵则是指景观中所蕴含的历史、人文和社会意义。传统建筑、历史遗址、文化习俗等文化元素，能够使景观具有独特的地域特色和文化价值，成为文化认同和传承的重要载体。

（二）乡村景观的特点

乡村景观作为景观学科的一个分支，主要指城镇以外的聚落景观空间。乡村景观不仅是乡村环境的外在体现，更是乡村文化、历史和社会结构的综合反映。其三大特点如下：

1. 粗放型土地利用方式

（1）农业为主的土地利用

农田景观是乡村景观中最为广泛和显著的组成部分，乡村景观中大量的农田、果园、茶园等，不仅提供了基本的粮食和经济作物，还形成了乡村特有的田园景象，展现了农业社会的生产模式和生活方式。农田景观的类型多样，包括稻田、小麦田、玉米田等，反映了不同区域的农业特色和多样的农作物品种。

果园和茶园体现了乡村的地域特色，华东地区的茶园和南方的果园，都是独特的乡村景观元素。例如，浙江的龙井茶园、福建的武夷岩茶园以及广西的柑橘园和湖南的葡萄园，这些茶园和果园不仅是重要的农业生产基地，还具有较高的观赏价值和旅游潜力。通过合理的规划和管理，这些茶园和果园可以成为乡村旅游的重要资源，吸引游客前来观光和体验，增加农民收入，促进乡村经济发展。此外，以农业为主的土地利用还包括林地和牧场等。林地也是乡村景观的重要组成部分，具有重要的生态功能和经济价值。乡村中的林地既可以提供木材、药材等资源，又能起到涵养水源、保持水土、防风固沙等生态功能。牧场则主要用于畜牧业生产，是草原和山地乡村的典型景观。通过合理的放牧和草地管理，可以维持牧场的生态平衡，提供优质的畜产品。

（2）粗放型的土地利用方式

与城市景观相比，乡村景观的土地利用方式较为粗放，土地资源的开发程度相对较低。这种粗放型的土地利用方式不仅保留了较多的自然生态系统，也使得乡村景观具有较高的生态价值和美学价值。粗放型土地利用强调的是在较大空间内进行广泛的农业活动，而非集约化的高密度开发，这种方式既能维持较高的生物多样性，又能有效减少农业生产对环境的压力。

基于粗放型土地利用方式，乡村景观中保留了较多的自然植被和生态系统，农田、林地和草地等自然景观广泛分布，形成了乡村特有的生态景观。这种土地利用方式有助于保护自然资源，维持生态系统的稳定性和多样性。例如，在梯田种植和稻田养鱼等传统农业模式中，自然资源能得到较有效利用，生态环境能得到较好保护。梯田种植通过科学的水土保持措施，防止了水土流失，改善了土壤肥力，提高了农田的生产力。稻田养鱼则通过鱼类的活动，增加了土壤的通气性，减少了病虫害的发生，提高了稻田的生态效益和经济效益。

粗放型土地利用方式还强调生态农业和有机农业的发展，通过减少化学肥料和农药的使用，保持土壤的健康和农业生态系统的可持续性。生态农业和有机农业不仅能提高农产品的质量和安全性，还能保护环境，促进生态平衡。例如，通过种植有机农作物、利用自然肥料和生物防治技术，可以减少农业生产对环境的污染，提高农业的可持续性发展。

（3）自然生态系统的完整性

由于乡村景观中较少进行大规模的基础设施建设和城市化开发，自然生态系统得以相对完整地保留。广阔的农田、连绵的林地和开阔的草地构成了乡村景观的主要部分，这些自然景观为动植物提供了栖息地，维持了生态系统的稳定性和多样性。同时，自然景观与农业景观的融合，形成了乡村独特的生态景观，为乡村居民提供了良好的生活环境和生态服务。

乡村中的自然生态系统具有重要的生态服务功能，如涵养水源、保持水土、调节气候和净化空气等。这些生态功能对乡村的可持续发展和居民的生活质量提升具有重要意义。例如，乡村中的森林和湿地可以有效调节气候，减少极端天气对农业生产的影响。乡村中的草地和河流则可以提供优质的饮用水源和灌溉水源，支持居民生活和农业生产。

保持自然生态系统的完整性还可以促进生物多样性的保护，增加生态系统的韧性和适应性。通过保护和恢复自然生态系统，可以提高生态系统的自我调节能力，减少环境污染和生态破坏。例如，通过退耕还林、退牧还草等措施，可以恢复自然植被，增加生态系统的稳定性。还可以通过种植本地树种进行退耕还林，恢复森林生态系统，提高土壤肥力和水源涵养能力；通过合理的草地管理来退牧还草，恢复草原生态系统，减少草地退化和沙漠化现象。

2. 自然属性强

（1）以农业经济为支柱的乡村景观发展

农业经济的主导地位决定了乡村景观中大量的土地资源用于农业生产，而非城市化开发。这种土地利用方式使得乡村景观保留了较高的自然属性，广袤的农田、林地和水域构成了乡村景观的主要部分，展现了自然与人类活动的和谐共存。

农业在乡村经济中的核心地位不仅决定了土地的主要用途，还影响了乡村景观的整体结构和功能布局。农田、果园、茶园和其他农业用地成为乡村景观的主要组成部分，这些农业景观不仅提供了基本的粮食和经济作物，还形成了乡村特有的田园风光。此外，乡村景观中的林地和水域也在农业经济中发挥着重要作用。林地不仅提供木材、药材等资源，还在涵养水源、防风固沙等方面具有重要的生态功能。水域如河流、湖泊和水库则为农业灌溉提供了可靠的水源保障，维持了农业生产的稳定性和可持续性。通过科学的景观设计和合理的土地利用规划，可以进一步提升农业生产的效率和环境发展的可持续性，实现农业经济与生态保护的双赢。

（2）空间异质性较大

由于乡村地区人口密度较低，自然环境相对完整，乡村景观中保留了较多的自然生态系统，如森林、草原、湿地等。这些自然生态系统不仅提供了丰富的生态服务功能，也为人们提供了休闲、观光等多种体验。乡村景观中的自然属性还体现在其生物多样性和生态稳定性上，使其在环境保护和生态建设中具有重要意义。异质性大的空间格局为不同的动植物提供了多样化的生境，有助于维持区域内的生态平衡。

乡村景观的空间异质性表现为不同土地利用类型的相对独立性和多样性，这种格局有助于维持生态系统的稳定性和生物多样性。例如，连绵的林地、开阔的草原和广阔的湿地形成了多样化的生态环境，为各种动植物提供了众多栖息地。林地和草原可以为野生动物提供庇护和食物，湿地则为水鸟和两栖动物提供了重要的栖息环境。

空间异质性还体现在农业景观与自然景观的交织、融合中。乡村中的梯田、果园和农田与周围的森林、河流和湖泊相互依存，共同构成了一个复杂的生态网络。例如，梯田不仅是农业生产的重要场所，还通过独特的水土保持功能维持着土壤和水源的稳定性。果园和茶园则在提供经济作物的同时，通过生态种植技术保护了土壤和水质，促进了生物多样性。

3. 独特性

（1）独特的传统建筑

乡村景观中的传统建筑是其重要的组成部分，如古民居、宗祠、庙宇等，这些建筑不仅具有较高的历史和文化价值，也展现了乡村独特的建筑风格和工艺水平。传统建筑往往因地制宜，结合当地的自然条件和材料，形成独特的地域风格，如中国南方的徽派建筑，北方的四合院，西部的土楼等。这些建筑不仅是人类智慧的结晶，也是历史和文化的见证。

（2）丰富的乡村文化

乡村景观中保留了丰富的乡村文化，如传统节庆、民俗活动、手工艺等，这些文化元素使乡村景观充满了生机和活力，成为人们了解和体验乡村生活的重要途径。传统节庆和民俗活动，如春节、端午节、中秋节等，不仅是乡村居民的重要文化节日，也为游客体验乡村文化提供了绝佳机会。一些手工艺品如编织、刺绣、陶瓷等，不仅展现了乡村独特的文化艺术，也具有很高的文化和经济价值。

二、传统乡村景观的现状分析

传统乡村景观在现代化进程中面临诸多挑战,主要表现为以下几个方面:

(一)乡土文化式微

1. 经济发展与景观建设的失衡

(1)经济发展的优先级

许多乡村地区为了快速提高居民的生活水平,将经济发展置于优先位置,景观建设和文化保护则相对被忽视。这种现象在全球乡村现代化进程中普遍存在。乡村发展往往将资源和精力集中在经济活动上,如开展农业集约化经营、开发工业化项目和旅游项目等。这些项目能够在短期内带来显著的经济效益,提高地方财政收入和居民收入水平。然而,这种发展模式往往忽视了对乡村景观建设和文化的保护。

经济发展的优先级导致了乡村景观和文化资源的流失。例如,许多乡村地区大量拆除传统建筑,用现代化的高楼大厦和工厂取而代之。这些现代建筑虽然改善了居住和生产条件,但破坏了原有的乡村风貌,导致乡土文化逐渐消失。传统的村落布局、建筑风格和生活方式是乡村文化的重要组成部分,若被破坏不仅影响了乡村景观的美学价值,也削弱了乡村居民的文化认同感和归属感。此外,过度的农业集约化和工业化项目也对乡村生态环境造成了破坏。大量使用化肥和农药的集约化农业虽然提高了产量,但也导致了土壤和水源被污染,破坏了生态系统的平衡。这些问题不仅影响乡村居民的身心健康和生活质量,也对乡村景观的生态价值构成了威胁。

经济发展确实是提高生活质量的必要条件,但从长远来看,忽视景观建设和文化保护的做法往往会损害乡村的整体价值和可持续发展能力。为了实现乡村的可持续发展,必须在经济发展和景观建设之间找到平衡点,既要推动经济增长,又要保护和传承乡村的文化和景观资源。

(2)对景观建设的忽视

许多乡村的景观建设缺乏系统性和规划性,以致传统的美丽景观和文化遗产在现代化的进程中遭到破坏或消失。

许多乡村在进行基础设施建设时,忽视了对景观的整体规划和设计。道路建设、建筑施工等项目往往缺乏美学考虑，导致乡村景观变得杂乱无章，缺乏特色和吸引力。此外，文化保护工作也常常被忽视。传统的民俗文化、手工艺和节庆活动等文化资源，由于缺乏系统的保护和传承，正面临消失的危险。例如，许多传统的手工艺因市场需求减少和工匠老龄化而濒临失传，传统的节庆活动则因现代生活方式的改变而逐渐被遗忘。

2. 同质化现象严重

（1）城市化模式的盲目效仿

大多数农村的发展模式都以城市为范本，导致建设同质化现象严重，反而忽视了乡村景观的独特性。城市化模式的推广致使许多乡村盲目效仿城市建设，建设风格趋于同一，缺乏地方特色。在进行基础设施建设和房屋改造时，许多乡村采用了与城市相同的设计风格和材料，导致出现千篇一律的"城市村"，使乡村失去了原有的乡土气息和地域特色。例如，在许多乡村地区，传统的村落布局和建筑风格被现代化的高楼和水泥建筑所取代，其风格单一、缺乏个性，与周围的自然环境和文化背景不相协调。传统的青瓦白墙、木质结构和庭院布局逐渐被钢筋水泥和玻璃幕墙取代，导致乡村景观失去了其独特的文化内涵和美学价值。此外，盲目效仿城市化模式还导致乡村公共空间的同质化。例如，许多乡村在建设广场、公园和商业街区时，直接采用城市的设计模板和标准，忽视了地方文化和自然环境的特征，以致这些公共空间风格雷同，缺乏吸引力和文化深度。这种同质化的公共空间不仅不能满足乡村居民的文化需求，还削弱了乡村的文化认同感和归属感。

（2）设计缺乏个性与特色

乡村景观设计缺乏个性和特色，导致现有乡村景观水平参差不齐，缺乏独特性和吸引力。缺乏设计的平屋顶建筑和不设装饰的外墙破坏了村庄景观的肌理，使得许多乡村的建筑风格单调乏味，无法体现地方特色和文化底蕴。

平屋顶建筑的现代化外观与传统乡村建筑风格格格不入，无法融入乡村的自然环境和文化氛围。传统的坡屋顶建筑不仅具有良好的排水功能，还能通过独特的屋檐设计和装饰，展现丰富的乡村文化内涵和美学价值。

不设装饰的外墙显得粗糙、单调，既不美观也不能体现地方特色和文化底蕴。传统的乡村建筑通常采用本地材料和技艺进行装饰，如石雕、木雕和壁画等，这些装饰不仅增加了建筑的美感，还传承了地方的历史和文化。现代化的未装饰外墙则完全忽视了这些文化元素，导致建筑风格单一乏味，缺乏文化深度和吸引力。

3. 乡土民俗文化的式微

（1）传统文化的逐渐消失

根植于本地的乡土民俗文化是乡村的灵魂，是乡村区别于城市的重要特质。现代化进程中，许多传统的乡土文化和习俗逐渐消失，年轻一代对传统文化的认识和传承意识也在减弱。传统节庆、传统手工艺、民间故事等文化元素在现代生活中逐渐淡化或被取代，乡村的文化底蕴和历史传承受到严重威胁。

传统节庆是乡村文化的重要组成部分，是乡村居民集体记忆和文化认同的载体。然而，随着城市化和现代化进程的推进，许多传统节庆活动逐渐淡出人们的视野。比如，春节期间的舞龙舞狮、端午节的赛龙舟、中秋节的赏月等传统节庆活动，越来越多地被现代化的娱乐活动所取代。传统节庆活动的消失不仅使乡村的文化生活变得单调乏味，也削弱了乡村居民的文化认同感和归属感。

传统手工艺作为乡村文化的重要表现形式，曾在乡村经济和文化生活中占据重要地位。然而，随着工业化和机械化生产的发展，传统手工艺逐渐被机器生产所取代，传统手工艺品的市场需求大幅减少，传统手工艺人的数量也在不断减少，许多传统手工艺如编织、刺绣、陶艺等濒临失传。传统手工艺的消失不仅使得乡村景观失去了其独特的文化元素，也导致了许多珍贵技艺和文化知识的丧失。

民间故事作为乡村文化的口头传承形式，曾在乡村居民的日常生活中扮演着重要的角色。然而，随着电视、互联网等现代传媒的普及，传统的口头传承形式逐渐被新型的娱乐方式所取代。年轻一代对民间故事的兴趣逐渐减弱，许多经典的民间故事和传说面临消失的风险。民间故事的消失不仅使乡村的文化传承链条断裂，也一定程度上削弱了乡村居民的文化自豪感和历史记忆。

传统乡村文化的消失不仅导致了乡村景观的单调和乏味，也使得乡村失去了其独特的历史记忆和文化价值。为了保护和传承乡土民俗文化，必须采取积极的措施激发乡村居民特别是年轻一代对传统文化的兴趣和认同感。通过文化传承和创新，可以使乡土民俗文化在现代社会中焕发新的生机。

（2）文化传承的挑战

现代化和全球化的浪潮带来了信息和文化的交流与融合，但也让传统文化的传承面临严峻的挑战。乡村中的年轻一代因教育和工作机会，越来越多地向城市迁移，使得传统的乡土文化难以得到有效传承。加之受城市文化和消费文化的影响，许多乡村居民特别是年轻人对传统文化的兴趣下降，使得乡土民俗文化面临进一步衰落的风险。

随着年轻一代向城市迁移，在城市接受教育和就业后的他们往往难以返回乡村，导致乡村人口老龄化，传统文化的传承面临严重的代际断层。老一辈的村民是传统文化的主要传承者和守护者，但他们的技艺和知识缺乏有效的传承渠道。传统手工艺和民间技艺的传承需要长期的学习和实践，但由于缺乏年轻人的参与，许多技艺面临失传的危险。

城市文化和消费文化的冲击也让传统乡村文化传承面临重大挑战。现代传媒和消费文化的普及，令城市文化对乡村居民尤其是年轻一代产生了强烈的吸引。许多年轻人对传统乡村文化缺乏兴趣，更倾向于接受和模仿城市文化。传统乡村文化在现代生活中的地位逐渐边缘化，难以在年轻一代中得到传承和发扬。此外，现代化的生活方式和价值观念的变化也对传统文化的传承提出了挑战。传统的乡村生活方式注重社区的集体生活和共同活动，而现代生活方式则更强调个人的独立性和私密性。传统文化的集体活动形式逐渐被个人娱乐和消费活动所取代，使得传统文化的传承和发扬变得更加困难。

（二）忽视地域特色

1. 模式化的景观规划

（1）简单化与模式化的发展误区

乡村景观的规划不能简单化、模式化发展。在许多地区，乡村景观的更新发展打破了原有的景观和谐，影响了传统文化景观的保护，面临文化内涵缺失的压力。模式化的景观规划常常以简化流程和统一标准为导向，忽视了每个村庄的独特性和地域特色。这种一刀切的发展模式使得乡村景观趋于同质化，难以体现地方特色和文化底蕴。

（2）统一标准的弊端

尽管修建宽阔的通村路和整齐划一的房屋提高了居民的居住质量和生活水

平，但统一标准的实施往往忽视了不同地区的自然条件、文化背景和居民需求，导致出现千篇一律的乡村景观。宽阔的通村路虽然便利了交通，但如果不考虑乡村的整体规划和自然环境，就可能破坏了原有的景观格局和生态环境。整齐划一的房屋虽然改善了居住条件，但如果忽视了地方建筑风格和传统文化特色，反而会削弱乡村的独特魅力和文化价值。

（3）文化内涵的缺失

模式化的景观规划容易忽视乡村景观的文化内涵。许多传统的文化景观在现代化的进程中被破坏或替代，原有的文化景观保护工作也因此受到影响。模式化的发展方式如果忽视了对文化内涵的保护，最终会导致乡村景观逐渐空洞化，失去生命力。因此，在乡村景观规划中，需要更加注重对文化内涵的保护和传承，通过有机更新和精细化管理，实现乡村景观的可持续发展。

2.地域特色的丧失

（1）生态禀赋和区位条件的重要性

每个村庄都有不同的生态禀赋和区位条件，这是乡村的天然自带属性。传统乡村景观中的地形地貌和建筑风格都具有独特的地方特色，这些特色不仅体现在建筑形式上，还体现在材料选择、色彩搭配等方面。例如，南方的水乡村落依水而建，建筑多以木结构为主，色彩温暖柔和；北方的村落则多采用砖石结构，色调相对冷峻。这些地域特色不仅是乡村景观的重要组成部分，也是当地文化和生活方式的具体体现。

（2）现代化建设对地域特色的忽视

现代化的建设往往忽视了乡村的地域特色，导致乡村景观趋于同质化，失去了原有的独特魅力和识别度。现代化的建筑材料和设计风格虽然具备一定的实用性和美观性，但如果不考虑与地域特色的融合，容易造成乡村景观的单调和乏味。许多新建的乡村建筑虽然在功能上满足了现代生活的需求，但在外观上却与周围的自然环境和传统建筑格格不入，破坏了村庄的整体景观和文化氛围。

（三）公众参与度低，存在角色错位

1.乡村景观建设中的角色错位

乡村景观建设本质上应是一种自下而上的实践，强调地方居民的主体性。

然而，由于乡村振兴战略是中央层面的政策推动，地方政府为了响应政策号召，常常无意识地取代了村民在乡村建设中的主角地位。这种角色错位削弱了村民的参与感和主人翁意识。

政府主导的乡村景观建设虽然在一定程度上推动了乡村基础设施的改善和经济的发展，但由于忽视了村民的实际需求和意愿，导致很多景观建设项目缺乏实用性和可持续性。例如，一些政府主导的项目虽然提升了乡村环境，但却未能切实解决村民的生活和生产问题，导致项目在完成后逐渐被荒废或无人问津。对传统村落和自然景观进行大规模改造的方式，也破坏了原有的乡土风貌和生态环境，对乡村的可持续发展造成了负面影响。

2. 对村民意愿不够重视

乡村景观规划应坚持以人为本的原则，深入了解和尊重村民的意愿。规划者应当主动深入乡村，与当地居民进行充分的沟通，了解他们的实际需求和生活习惯，确保规划能够既满足村民的生产生活需求，又实现景观规划的美学和功能目标。然而，许多乡村景观建设项目在规划和实施过程中，未能有效地采纳村民的意见，导致项目效果不佳。此外，一些乡村景观建设项目过于注重形式上的美观，而忽视了实际的功能和实用性，以致不能满足村民的日常需求。

第二节 传统乡村景观的文化与生态价值

一、传统乡村景观文化价值分析

（一）历史传承

传统乡村景观作为历史的见证者保留了大量古老的历史遗迹，如古村落、古建筑、古道等。这些遗迹不仅是物质文化遗产的重要组成部分，也是人类历史发展过程中不可或缺的部分。保护和传承历史遗迹对于理解和研究人类历史具有重要意义。这些遗迹通过其独特的建筑风格、布局、工艺和功能，展示了不同时期的社会经济状况和文化传统，对当代乡村的文化复兴和可持续发展具有深远影响。

1. 古村落

古村落是乡村景观中最具代表性的历史遗迹之一。它们通常保留了较为完整的历史建筑和街巷布局，展示了不同历史时期的建筑风格和社会经济状况。古村落不仅是建筑艺术的结晶，也是文化传统和社会形态的缩影。中国的古村落因其丰富的历史内涵和独特的建筑风格，成为研究和保护的重要对象。通过对这些古村落进行研究，可以深入了解中国乡村的历史演变和文化传承。

徽派建筑是中国古村落中典型的代表之一，其独特的马头墙和灰瓦白墙形成了独具特色的建筑风貌。徽派建筑不仅具有实用功能，还反映了明清时期江南地区的社会经济状况和文化审美。通过徽派建筑，可以了解当时的家族制度、宗族文化和商业繁荣状况。例如，安徽省黄山市的宏村和西递村，完整地保存了大量徽派建筑，这些建筑以其独特的艺术风格和文化内涵，吸引了大量游客和学者前来参观和研究。宏村的南湖和月沼，西递的祠堂和牌坊，这些古村落元素不仅展示了徽派建筑的美学特征，还体现了当时的社会结构和文化传统。

然而，古村落的保护和发展面临诸多挑战，包括城市化进程、现代化建设和旅游业的冲击。为了保护这些宝贵的历史遗产，许多古村落采取了多种措施，如建立保护区、制定保护法规、推动社区参与等。这些措施不仅有助于古村落的物质保护，还有助于促进文化传承和社区发展。例如，宏村通过建立保护区和发展生态旅游，不仅保护了其古村落的历史风貌，还改善了当地居民的生活条件。

2. 古建筑

古建筑是古村落的重要组成部分，它们不仅具有建筑学价值，也是历史文化的重要载体。许多古建筑保留了精美的雕刻、绘画和装饰，展示着当时的工艺水平和美学理念。古建筑的保护和研究，有助于我们更深入地理解和欣赏历史文化。通过对古建筑进行细致研究，可以揭示出其建筑材料、施工技术、艺术风格和功能布局等方面的历史信息，进而深入了解当时的社会文化和经济状况。

中国的四合院是古建筑中的杰出代表，以其独特的庭院布局和精美的木雕著称。四合院不仅是人们居住的场所，更是家族生活和文化交流的中心。通过四合院的建筑结构和装饰，可以了解中国部分传统家庭的生活方式和文化价值。例如，北京的恭王府和前门大街的四合院，不仅具有重要的历史价值，也有着丰富的文化价值。恭王府的花园和四合院的布局，展示了清代贵族的生活方式和文化品位。前门大街的四合院则体现了北京普通居民的生活场景。

古建筑的保护也面临诸多挑战，如自然灾害、环境污染和人为破坏等。为了有效保护这些历史遗产，需要采取科学的保护措施，如定期维护、修复和监测等。同时，还需健全法律法规，加强执行，确保古建筑的保护工作有章可循。此外，通过开展文化教育和宣传活动，提高公众对古建筑保护的认识和参与意识，也是保护工作的重要组成部分。

3. 古道

古道是连接古村落和古建筑的重要通道，它们不仅是交通运输的通道，也是文化交流的纽带。古道的存在，见证了历史上的交通和贸易活动，记录了文化的交流和融合。古道的保护和研究，有助于我们了解历史上的经济活动、社会结构和文化变迁。通过古道遗迹，可以追溯历史上不同地区之间的交流和互动，揭示出交通网络对社会发展的影响。

中国的茶马古道，贯穿了云南、四川、西藏等地，是古代南方丝绸之路的重要组成部分。茶马古道不仅是茶叶和马匹贸易的重要通道，也是文化交流的桥梁。通过茶马古道，可以了解古代西南地区的经济活动和文化交流。例如，丽江古城和香格里拉作为茶马古道的重要节点，保存了丰富的历史遗迹和文化传统，成为研究和体验茶马古道文化的重要场所。丽江古城以独特的纳西族建筑和水系布局，展示了古代茶马古道的繁荣景象。香格里拉则以藏族文化和自然景观，成为茶马古道文化的重要展示窗口。

古道的保护和研究面临许多挑战，如自然环境的变化、人类活动的影响等。为了有效保护古道，需要采取综合性的保护措施，如建立保护区、开展考古调查和研究、制定保护规划等。同时，还需加强国际合作和交流，共同推动古道文化的研究和保护工作。例如，通过举办国际学术会议和文化交流活动，可以促进不同国家和地区之间的合作，推动古道文化的研究和保护。

（二）民俗文化

乡村景观中蕴含着丰富的民俗文化，如节庆活动、民间艺术、传统手工艺等。这些文化形式是民族文化多样性的体现,也是非物质文化遗产的重要组成部分。民俗文化不仅反映了乡村居民的生活方式和价值观,还对乡村的社会结构、经济发展和生态环境产生了深远影响。通过对这些文化形式的保护和传承,可以促进乡村的可持续发展和文化复兴。

1. 节庆活动

节庆活动是乡村文化的重要组成部分,它不仅是乡村居民生活的重要内容,也吸引了大量游客参与和体验。节庆活动通常在传统节日时举办,如春节、端午节、中秋节等,这些节日不仅是家庭团聚的时刻,也是社区互动的时刻。节庆活动通过丰富多彩的表演、祭祀、游戏等形式,展示了乡村的历史和文化传统。例如,在春节期间,许多地方会举办舞龙舞狮表演、庙会和花灯展览,这些活动不仅增强了社区的凝聚力,还吸引了大量游客,促进了当地经济的发展。此外,节庆活动还具有重要的教育功能,通过传授传统知识和价值观,有助于年轻一代了解和继承乡村文化。

2. 民间艺术

民间艺术是乡村文化的重要表现形式,它以独特的形式和内容展示了乡村居民的创造力和审美观念。民间艺术涵盖了广泛的内容,包括民间音乐、舞蹈、戏剧、绘画、雕塑等,这些艺术形式不仅丰富了乡村居民的精神生活,也为乡村的文化景观增添了独特的魅力。例如,民间剪纸和皮影戏等传统艺术形式,不仅在乡村居民的日常生活中占有重要地位,还吸引了许多文化爱好者和研究者前来探讨和学习。

民间艺术不仅是乡村文化的重要组成部分,也是乡村居民表达情感和思想的重要方式。通过这些艺术形式,乡村居民可以展示他们的创造力和审美观念。例如,民间音乐和舞蹈通常具有鲜明的地方特色和丰富的表现力,它们不仅为乡村居民提供了娱乐和交流的方式,还在一定程度上反映了乡村的历史和社会变迁。民间戏剧和绘画等艺术形式,则通过生动的故事和形象,展示了乡村居民的生活和价值观。

民间艺术的保护和传承,对乡村文化的可持续发展具有重要意义。在全球化和现代化的背景下,许多传统的民间艺术形式面临着消失的危险。因此,通过加强对民间艺术的研究和保护,可以促进乡村文化的传承和创新,增强乡村文化的活力和吸引力。

3. 传统手工艺

传统手工艺是乡村文化的重要遗产，它以独特的工艺和材料展示了乡村居民的生活智慧和技术水平。传统手工艺包括编织、刺绣、陶瓷、木雕、金属工艺等，这些工艺的衍生手工艺品不仅具有实用性，还具有很高的艺术价值和文化价值。例如，江西的景德镇瓷器和贵州的苗族刺绣，都是传统手工艺的杰出代表，它们不仅展示着手工艺人精湛的工艺水平，还反映了当地的文化特色和历史传承。

传统手工艺在乡村居民的生活中占有重要地位，不仅是乡村居民日常生活的一部分，也在很大程度上反映了乡村的经济和社会结构。通过制作和销售手工艺品，许多乡村家庭获得了重要的经济收入，这对乡村的经济发展具有重要意义。此外，传统手工艺还具有重要的文化和教育功能，通过传授手工艺技能和知识，可以增强乡村居民的文化自信和创新能力。

保护和传承传统手工艺，对乡村文化的可持续发展具有重要意义。在现代化和工业化的背景下，许多传统手工艺面临着失传的危险。因此，通过加强对传统手工艺的研究和保护，可以促进乡村文化的传承和创新，增强乡村文化的活力和吸引力。例如，通过举办手工艺展览和比赛，建立手工艺传承基地和培训中心，可以吸引更多的人了解和学习传统手工艺，促进手工艺的传承和发展。

（三）社会结构与生活方式

传统乡村景观反映了当地的社会结构和居民的生活方式，如家族聚居、邻里关系、农耕文化等。这些社会特征和生活方式是乡村文化的重要组成部分，也是乡村社区凝聚力和稳定性的基础。深入研究这些社会结构和生活方式，可以更好地理解乡村社会的运作机制和文化内涵，为乡村的可持续发展提供科学依据。

1. 家族聚居

家族聚居是传统乡村社会结构的重要特征，它以家庭为单位，形成了稳定的社会关系和文化传承体系。家族聚居不仅在空间上形成聚集状态，还在社会功能上体现出强大的互助和支持系统。在这种社会结构中，家族成员之间通过血缘和婚姻关系紧密联系，共同参与生产和生活活动。中国的宗族村落，以同姓家族为主体，形成了宗族的社会结构和文化体系。这些村落通常由家族长老领导，家族内部有明确的等级和职责分工，宗族祠堂和家族祭祀活动是其核心文化象征。

宗族村落的家族聚居模式，有助于增强乡村社区的凝聚力和稳定性。通过家族内部的相互支持，村民们能够在农业生产、子女教育和社会事务中获得帮助和资源共享。家族聚居还促进了文化的传承，传统的礼仪、风俗和价值观通过代际传递得以保留和延续。例如，中国南方福建、广东等地的客家围屋，家族聚居的形态尤为明显，这些围屋不仅是防御外敌的堡垒，也是家族成员共同生活和生产的场所，展示了浓厚的家族文化和社会关系。

2. 邻里关系

邻里关系是传统乡村社会的重要组成部分，它以邻里之间的互助和合作为基础，形成了紧密的社会关系和社区文化。在乡村社会中，邻里之间的关系往往比城市中更加亲密和紧密。邻里互助是乡村社区的一大特色，邻里之间的互相帮助和支持，形成了乡村社区的互助文化。这种互助文化不仅表现在日常生活中，如劳作互助，农田灌溉、节庆活动的共同参与，在困难时刻互助文化更能够得到更充分的体现，如灾害救援、疾病救助等。

中国传统乡村的邻里关系通过多种形式的互助和合作，增强了社区的稳定和和谐。例如，在华北地区的传统村落中，村民们常常通过做"义务工"的形式，互相帮助修缮房屋、修理道路和桥梁，这种集体合作不仅提高了生产和生活效率，还增强了社区的凝聚力和集体意识。邻里关系的紧密性，也为乡村社会的可持续发展提供了重要的基础，通过建立互助合作的机制，可以使乡村更好地应对现代化进程中的各种挑战。

3. 农耕文化

农耕文化是传统乡村生活的核心，它以农业生产为基础，形成了独特的生活方式和文化传统。农耕文化不仅涵盖了农业技术和生产方式，还包括与之相关的社会组织形式、文化习俗和价值观念。中国的农耕文化形成了丰富的农业技术和文化传统，如灌溉技术、农作物轮作、耕作制度等。农耕文化在塑造乡村居民生活方式和价值观方面起到了重要作用，通过日常的农业生产活动，乡村居民形成了勤劳、节俭和合作的精神。

在中国南方的稻作区，农耕文化表现得尤为明显。例如，广西的梯田文化不仅展示了精湛的农业技术，还反映了人与自然和谐共处的生态智慧。梯田的建设和维护需要大量的劳动力和农业合作精神，村民们通过集体劳动，共同管理和维护梯田的灌溉系统，形成了紧密的社会关系和合作机制。此外，农耕文化还体现在相关农业活动中，如每年的农耕祭祀和庆祝丰收的活动，不仅展示了农业生产的成果，也增强了社区的凝聚力和文化认同。

保护和传承农耕文化，可以有效维护乡村社区的稳定和和谐，促进乡村社会的可持续发展。在现代化进程中，许多传统的农耕技术和文化习俗面临消失的风险。因此，通过建立农业文化遗产保护区、开展农耕文化教育和推广生态农业等措施，可以有效保护和传承农耕文化，促进乡村文化的复兴和发展。例如，通过推广有机农业和可持续农业技术，不仅可以提高农业生产的经济效益和生态效益，还有助于人们继承和发展传统的农耕文化。

二、生态价值分析

（一）生物多样性保护

传统乡村景观中的自然生态系统，如农田、林地、湿地等，为多种生物提供了栖息地，有助于保护生物多样性。乡村景观的多样性和复杂性，为植物、动物和微生物提供了丰富的栖息环境，形成了一个稳定而健康的生态系统。生物多样性的保护不仅有助于维持生态系统的功能和服务，还对人类社会的可持续发展具有重要意义。通过对传统乡村景观中生态系统进行研究和保护，可以为生物多样性保护提供重要的理论和实践支持。

1. 农田生态系统

农田不仅是粮食生产的重要场所，也是生物多样性保护的重要区域。多种作物和野生植物共同构成了一个复杂的生态系统，为动植物提供了丰富的食物资源地和栖息地。传统的轮作和间作制度可以提高土壤肥力，减少病虫害，同时为多种动植物提供了适宜的生存环境。轮作制度通过种植不同作物，可以打破病虫害的生命周期，减少农作物对农药的依赖，提高农业的可持续性。间作制度则通过混合种植多种作物，形成多样化的植被结构，有助于提高土壤肥力和生物多样性。

在传统农田中,常见的作物包括水稻、小麦、玉米、大豆等,它们与杂草、野花等共同形成了农田生态系统,吸引了多种昆虫、鸟类和小型哺乳动物的栖息。例如,稻田中的水稻不仅是重要的粮食作物,还为水鸟、青蛙、鱼类等提供了食物。小麦和玉米地中的杂草和野花,为蜜蜂、蝴蝶等传粉昆虫提供了丰富的花蜜和花粉。通过保护传统农田生态系统,可以有效促进生物多样性的保护和农业的可持续发展。

2. 林地生态系统

林地是乡村景观中重要的生态环境,具有极高的生物多样性。林地中的树木、灌木、草本植物共同构成了复杂的植被层次,为多种动植物提供了栖息地和食物来源。其中,森林生态系统通过复杂的结构和多样的物种组合,维持了高水平的生物多样性。例如,森林中的乔木层、灌木层和地被层,为鸟类、昆虫、小型哺乳动物和微生物提供了多样的生境。乔木层的高大树木为鸟类提供了筑巢和栖息的场所,灌木层的密集灌丛为小型哺乳动物和昆虫提供了庇所和食物,地被层的草本植物和枯叶层则为微生物和小型无脊椎动物提供了丰富的生存资源。

林地不仅是多种生物的重要栖息地,还具有重要的生态功能。林地通过水源涵养功能调节水循环、维护水质,减少洪水和干旱对环境的影响。土壤保持功能则通过减少土壤侵蚀和水土流失,维护土壤的肥力和结构。林地的气候调节功能通过吸收二氧化碳和释放氧气,缓解气候变化的影响。这些生态功能对于维持区域生态平衡具有重要意义。因此,通过保护和恢复林地生态系统,可以有效提高生物多样性和生态系统的稳定性和健康性。

3. 湿地生态系统

湿地作为重要的生态环境资源,是多种野生动植物的栖息地和繁殖地。湿地生态系统以独特的水文条件和植被类型,形成了丰富的生物多样性。湿地中的水生植物、湿生植物和浮水植物共同构成了独特的植物群落,为多种水生生物、鸟类和两栖动物提供了适宜的生境。例如,芦苇、蒲草等湿地植物不仅为鸟类提供了栖息地,还起到了净化水质、调节水量的作用。湿地的生态服务功能如水质净化、洪水调节和提供生物栖息地等,对于保护生物多样性和维护生态平衡具有重要作用。

湿地植物通过生物滤网功能，能够有效去除水体中的污染物，如氮、磷和重金属，改善水质。湿地的洪水调节功能通过蓄水和缓冲作用，减少洪水对下游地区的影响，保护人类生命财产安全。湿地作为生物栖息地，为多种濒危和珍稀物种提供了生存和繁殖的环境。例如，丹顶鹤、白鹤等珍稀鸟类，常在湿地中觅食和繁殖。

湿地生态系统的保护对于维护生物多样性具有重要意义。保护和恢复湿地生态系统，需要采取综合性的措施，包括制定湿地保护政策、开展湿地修复工程、加强湿地监测和研究等。同时，还需要开展湿地生态教育和宣传，提高公众对湿地保护重要性的认识，促进社会各界的广泛参与。例如，通过设立湿地保护区和自然保护区，可以有效保护湿地生态系统和生物多样性，促进湿地生态系统的可持续发展。

（二）生态服务功能

乡村景观提供的生态服务功能包括水源涵养、土壤保持、气候调节等，这些功能对于维持区域生态平衡和农业生产具有重要意义。生态服务功能不仅是自然生态系统内在的自我调节机制，还为人类社会提供了不可或缺的环境资源和条件。在乡村振兴和可持续发展的过程中，充分发挥和保护乡村景观的生态服务功能，对于实现生态文明建设目标具有重要价值。

1. 水源涵养功能

乡村景观中的植被和土壤具有良好的保水能力，能够有效涵养水源，调节水循环。植被的根系可以增加土壤的渗透性，减少地表径流，增加地下水的补给。农田、林地和湿地中的植被通过蒸腾作用将水分释放到大气中，形成局部的水循环系统，保障农业和生活用水的稳定供应。例如，森林中的树木通过根系吸收水分，并通过叶片蒸腾将水分释放到大气中，形成降雨，补充水源。森林、湿地和农田的生态系统在水源涵养中起到了关键作用，通过其复杂的生态循环，维持了区域水循环的稳定性和持续性。

在农田生态系统中，传统的农业耕作方式，如轮作和间作，不仅有助于保持土壤肥力，还能增强土壤的保水能力。例如，在旱作农业区，轮作制度通过不同作物的根系结构，改善土壤的孔隙度和渗透性，提高土壤的保水能力。在湿地生态系统中，湿地植物的根系和泥炭层具有极强的保水能力，能够在旱季时缓慢释放水分，维持湿地周边地区的水源供应。

2.土壤保持功能

乡村景观中的植被覆盖和根系固定具有重要的土壤保持功能，可以有效防止水土流失，保护土地资源，提高土壤肥力。植被的根系可以固定土壤，减少土壤的侵蚀，防止泥沙流失。农田中的轮作和间作可以提高土壤结构的稳定性，增加土壤有机质含量，提升土壤肥力。林地和湿地中的植被覆盖可以减少地表径流，增加土壤的渗透性，防止土壤侵蚀和沙化。

土壤保持功能对于农业生产和生态环境的稳定性至关重要。在林地生态系统中，树木的根系深深扎入土壤，形成了稳定的土壤结构，有效减少了降雨和风力对土壤的侵蚀。林地的枯枝落叶层不仅增加了土壤有机质，还形成了保护层，减少了地表径流的冲刷。在农田生态系统中，通过合理的耕作制度和土壤管理技术，如保护性耕作、绿肥种植和有机农业，可以进一步增强土壤的保水保肥能力，减少土壤退化和沙化的风险。

3.气候调节功能

乡村景观中的植被具有重要的气候调节功能，通过蒸腾作用和绿地的降温效应，改善局部气候环境，提升居民的生活质量。植被通过光合作用吸收二氧化碳，释放氧气，可以减少大气中的温室气体含量，缓解全球变暖。植被的蒸腾作用可以增加空气湿度，降低气温，形成局部的小气候。绿地和森林的降温效应可以缓解热岛效应，改善居民的生活环境。

气候调节功能对于全球气候变暖的缓解和地方气候环境的改善具有重要意义。森林作为地球的"肺"，通过大量吸收二氧化碳、释放氧气，显著降低了大气中的温室气体浓度。同时，森林和绿地通过蒸腾作用，增加了空气中的水汽含量，降低了周围环境的温度，形成了凉爽宜人的小气候。在城市化进程中，乡村景观的气候调节功能尤为重要，通过保留和恢复乡村绿地和森林，可以有效提高乡村居民的生活质量。

（三）生态旅游资源

利用传统乡村景观的独特魅力可以吸引游客，发展生态旅游，促进当地经济发展。乡村生态旅游以自然景观、文化遗产和生态体验为特色，吸引了大量城市居民和国外游客前来参观和体验。通过科学合理的规划和管理，生态旅游不仅可以带来经济效益，还能推动乡村文化和生态环境的保护，实现乡村可持续发展。

1. 自然景观的吸引力

乡村景观中的自然景观如山川、河流、森林、湿地等，不仅风光秀丽还具有独特的生态价值，吸引了大量游客前来观光和体验。自然景观的多样性不仅为游客提供了视觉享受，还为其提供了丰富的生态体验机会。例如，中国的婺源古村落以秀美的田园风光和古老的建筑吸引了大量游客。婺源春季的油菜花田、秋季的稻田以及周边的青山绿水，使其成为摄影和自然爱好者的天堂。

自然景观的保护和利用是发展生态旅游的重要基础。通过设立自然保护区和风景名胜区，可以有效保护自然景观和生态系统，防止破坏和过度开发。同时，通过建设生态旅游设施，如观景台、步道、生态公园等，可以提升游客的体验感和满意度，吸引更多的游客前来参观、体验。例如，云南的香格里拉以壮丽的高原风光和丰富的生物多样性，成为国内外游客的热门游览地。当地通过设立自然保护区、开发生态旅游项目，不仅保护了自然景观，还带动了旅游业的发展。

2. 文化遗产的旅游价值

乡村景观中的文化遗产如古村落、古建筑、民俗文化等，具有重要的旅游价值，吸引了大量游客前来参观和体验。文化遗产不仅是历史的见证，也是文化传承的重要载体，通过旅游活动，文化遗产得以传承和弘扬。例如，中国的古村落以独特的建筑风格和丰富的历史文化吸引了大量游客。安徽的西递和宏村，以保存完好的徽派建筑和传统的乡村文化，被列入世界文化遗产名录，吸引了大量国内外游客前来参观。

文化遗产的保护和利用是发展文化旅游的关键。通过制定文化遗产保护法规和规划，实施科学的保护和修复措施，可以有效保护文化遗产。同时，通过开展文化旅游活动，如历史文化游、传统手工艺体验、民俗节庆活动等，可以增强游客的参与感和体验感，提高文化遗产的吸引力。例如，浙江的乌镇通过修复古建筑，恢复传统的水乡文化，举办戏剧节、民俗节等活动，吸引了大量游客前来体验江南水乡的独特魅力。

3. 生态体验的独特魅力

乡村生态旅游以其独特的生态体验为特色，吸引了大量游客前来参与和体验。生态体验活动不仅可以让游客亲身感受乡村的自然美景和生态环境，还加深了他们对自然的认识和热爱。例如，乡村的农事体验、生态农业、自然教育等活动，可以让游客了解传统农业生产方式，体验农耕的乐趣，增强环保意识。又如，浙江的安吉县通过发展生态农业和农事体验旅游，吸引了大量城市居民前来体验农耕生活，学习农业知识，享受田园乐趣。

生态体验活动的设计和实施是发展生态旅游的重要环节。通过科学合理的规划和管理，可以确保生态体验活动的可持续性和环境友好性。例如，在生态农业体验中，可以推广有机农业和生态农业技术，减少农药和化肥的使用，保护土壤和水源。同时，通过开展自然教育活动，如生态研学、自然观察、环保讲座等，可以增强游客的环保意识，增加环保知识，促进生态环境的保护和可持续发展。例如，云南的西双版纳通过开展热带雨林生态体验和自然教育活动，让游客了解了热带雨林的生态系统及其保护的重要性，增强了游客的环保意识和责任感。

第三节 传统乡村景观保护与利用的必要性

一、传统乡村景观保护与利用的必要性分析

（一）传统乡村景观是乡村旅游得以开展所依托的核心资源

近年来，随着城市化进程和人们生活节奏的加快，城市居民对大自然和乡村生活方式的向往与日俱增。乡村旅游因其能够满足城市居民回归自然、返璞归真的需求，迅速崛起并展现出强大的吸引力和生命力。而传统乡村景观正是乡村旅游得以开展的重要依托，成为其核心竞争力之一。

1. 传统乡村景观的吸引力

传统乡村景观通过其独特的自然风貌和人文景观，营造出一种独特的乡村

氛围。这种氛围不仅是视觉享受，更是心灵慰藉和文化共鸣。传统乡村景观的吸引力主要体现在以下几个方面：第一，传统乡村景观的自然风貌具备极高的美学价值。古老的村落被青山绿水环绕，传统的农田在季节更替中展现出多彩的面貌，田园的四季变化不仅为游客提供了视觉享受，更使他们得以亲身体验大自然的神奇与美妙。第二，传统乡村景观中的人文景观同样充满吸引力。古朴的民居保留了浓厚的历史感和地域文化特色，许多建筑甚至有着几百年的历史。村落中保存完好的祠堂、庙宇、古桥、古井等，不仅是乡村文化的载体，更是乡村历史的见证。第三，传统乡村景观中乡土气息浓厚的乡村道路与独特的自然景观也为乡村旅游增色不少。蜿蜒的乡间小道、古树参天的村落入口以及田间地头的农作物，共同构成了一幅和谐的田园画卷，让游客流连忘返。

2. 乡村旅游与乡村景观的互动关系

乡村旅游不仅是欣赏自然风光，更是体验乡村生活方式，感受乡村文化。传统乡村景观作为乡村旅游的核心资源，具有不可替代的独特价值。在乡村旅游时，游客可以通过参与农事活动、品尝乡村美食、体验乡村民俗等方式，深刻感受乡村生活的魅力。

游客的到来不仅为乡村带来了经济收益，更促进了乡村景观的保护和利用。通过增加旅游收入，乡村社区有了更多的资源和动力去保护和修缮传统村落，保持田园景观的完整性，维护传统农耕方式。乡村旅游的发展还可以增强当地居民对自身文化的认同和自豪感，激发他们积极参与景观的保护和传承工作。

与此同时，乡村景观的保护和展示也为乡村旅游注入了新的活力。保护传统村落的建筑风貌，保持田园景观的完整性，维护传统农耕方式，这些都是提升乡村旅游吸引力的有效手段。例如，通过合理的规划和设计，保护和恢复传统村落的建筑结构，保持村落的整体风貌，避免盲目的现代化建设对传统景观的破坏。通过推广生态农业和有机农业，保持田园景观的自然状态，也能够提升乡村旅游的观赏价值。

3. 保护与展示传统乡村景观的重要性

保护与展示传统乡村景观是增强乡村旅游吸引力的重要途径。传统乡村景观不仅是乡村文化的重要组成部分，也是乡村旅游得以持续发展的基础。首先，保护传统村落的建筑风貌是展示乡村历史和文化的有效方式。传统村落的建筑结构和布局体现了特定历史时期的居民生活方式和社会结构，是重要的文化遗产。通过保护和恢复这些建筑，可以让游客更好地了解和体验乡村的历史和文化，增加旅游的文化内涵。其次，保持田园景观的完整性对于提升乡村旅游的观赏价值至关重要。田园景观是乡村的重要标志，也是乡村旅游的重要资源。保持田园景观的自然状态，可以增加乡村旅游的观赏价值，吸引更多的游客。最后，维护传统农耕方式是保持乡村景观的重要手段。传统农耕方式不仅是乡村经济的重要组成部分，也是乡村文化的重要体现。通过推广生态农业和有机农业，保护传统农耕方式，不仅可以提高农产品的质量，还可以增加乡村旅游的文化内涵。

（二）传统乡村景观是乡村在城市化进程中实现可持续发展的保证

随着城市化进程的不断加快，大量投资商和社会资本涌入乡村，带来了乡村经济的快速发展。然而，由于缺乏有效的管理和保护，导致耕地遭到蚕食破坏、土地利用布局趋于零散和无序、乡村布局混乱以及片面追求形式上的城市化现象，这些都严重破坏了保留了千百年的乡土风貌和文化景观。

1. 城市化对乡村景观的冲击

在城市化进程中，大量乡村人口涌入城市，导致乡村原有的生产生活方式难以维持，乡村出现空心化趋势，原有的乡村聚落和农耕生活风貌逐渐消失。这种人口迁移不仅带走了劳动力和经济活力，还使得许多传统技艺和文化习俗濒临失传。乡村的空心化现象使得村落内部的社会结构和社区功能遭到削弱，公共设施和基础设施逐渐老化，乡村居民生活质量下降。

与此同时，城市化的推进带来了大量的建设项目，许多传统村落和田园景观被新建的现代化建筑所取代。为了迎合城市化需求，许多乡村地区进行大规模的拆迁和重建，现代化建筑风格与乡村传统建筑风格的冲突愈发明显，导致乡村景观的完整性和连续性受到破坏。此外，部分基础设施建设如公路、铁路和高楼大厦的扩张，进一步侵蚀了农业用地和自然景观，使得传统的农业生态系统被破坏，生物多样性减少，乡村生态环境恶化。

更为严重的是，在城市化进程中出现土地利用布局趋于零散和无序、乡村布局混乱的现象。在建设一些投资项目时忽视了对生态环境和文化遗产的保护,导致耕地遭到蚕食破坏。土地的过度开发和不合理利用,不仅破坏了乡土风貌和文化景观,还造成了生态系统的失衡和环境污染问题,这些都对乡村的长远发展带来了负面影响。

2.传统乡村景观与可持续发展的关系

传统乡村景观是乡村在城市化进程中实现可持续发展的重要保障。通过对传统乡村景观的保护,不仅可以维护乡村的自然环境和人文景观,还可以保持乡村的独特风貌和文化底蕴,为乡村的可持续发展提供坚实的基础。首先,保护传统的农业生态系统对于实现生态与经济的双赢具有重要意义。传统农业生态系统包括多种形式的农田、林地、水系和草地等,这些生态单元通过复杂的生态关系共同维持着乡村的生态平衡。保护这些传统的农业生态系统,有助于维持生物多样性,提高农田的生产力和抗灾能力,减少化学肥料和农药的使用,促进生态农业和有机农业的发展,从而实现农业生产的可持续发展。其次,保护传统村落建筑和文化遗产对于保持乡村的文化多样性和历史连续性至关重要。通过对传统村落建筑的保护和修缮,可以让后人更好地了解和传承乡村文化,增强文化认同感和自豪感。保护文化遗产还可以为乡村旅游和文化产业的发展提供丰富的资源,吸引游客前来参观和体验,带动乡村经济的发展。最后,保护传统乡村景观可以为乡村的可持续发展提供多方面的支持。通过合理的规划和管理,保持乡村景观的完整性和连续性,可以提高乡村地区的生活质量,促进生态环境的改善和社会和谐的实现。同时,保护传统乡村景观也可以为乡村提供新的发展机遇,如发展生态旅游、文化旅游和农业体验旅游等,通过多种形式的旅游活动,能够增加乡村居民的收入,推动乡村经济的多元化和可持续发展。

(三)传统乡村景观是优化改善乡风乡貌的有效途径

在城乡统筹的大背景下,建设新型的社会主义新农村,不仅要让新农村"生产发展、生活富裕",还要使新农村"乡风文明、村容整洁"。通过加强乡村生态环境的保护、规划和建设,优化乡村景观布局,可以达到优化改善农村人文、自然环境的效果。

1.传统乡村景观对乡风乡貌的影响

传统乡村景观是乡村文化和乡村风貌的重要体现。保护传统乡村景观,可以保护乡村的历史文化和生活方式,增强乡村居民的文化认同感和归属感。例如,通过保护传统的村落建筑,可以保持乡村的整体风貌,避免现代化建设对传统景观的破坏。保护这些建筑,不仅是对物质文化遗产的保护,更是对精神文化遗产的传承。此外,传统的农田景观和乡村道路也具有重要的文化和生态价值。传统的农田景观不仅展现了乡村的自然风貌,还反映了传统农业生产方式和农耕文化。通过保护和修复传统的农田景观,可以保持乡村的自然风貌,增加乡村的观赏价值。例如,传统的梯田和灌溉系统,不仅是农业生产的基础,更是乡村景观的重要组成部分。保护这些景观,不仅可以提高农业生产的可持续性,还可以增加乡村旅游的吸引力。

2. 乡村生态环境的保护与改善

乡村生态环境的保护是优化乡风乡貌的重要内容。通过实施乡村绿化工程,保护乡村的自然生态系统,改善乡村的环境质量,可以有效提升乡村的整体形象和居民的居住环境。例如,通过种植乡土树种,建设生态廊道,保护乡村的生态环境,增加乡村的绿化覆盖率,改善乡村的空气质量和水环境。乡土树种适应当地气候和土壤条件,具有较强的抗逆性和生态适应性,通过种植乡土树种,可以形成具有地方特色的乡村绿化景观,增加乡村的生态多样性。

同时,通过推广生态农业和有机农业,可以减少农业生产对环境的污染,保持乡村的生态平衡和可持续发展。生态农业和有机农业注重农业生产与生态环境的协调发展,通过减少化肥和农药的使用,保护土壤和水资源,促进生物多样性,实现农业生产的可持续发展。例如,可以通过推广农田轮作、间作和复种等生态农业技术,提高农田的生产力和抗灾能力,减少农业生产对环境的负面影响。此外,可以通过建设生态廊道和湿地保护区,保护乡村的自然生态系统,改善乡村的环境质量。生态廊道和湿地保护区不仅可以保护乡村的生物多样性,还可以改善乡村的生态环境,提高乡村的生态服务功能。这些措施不仅可以提升乡村的整体形象和乡村景观的观赏价值,还可以提高乡村居民的生活质量,增强乡村的吸引力和竞争力。

3. 传统村落的保护与再造

传统村落是乡村文化和历史的载体,是乡村景观的重要组成部分。通过对传统村落的保护和再造,可以保持乡村的历史文化和居民的生活方式,提升乡村的文化价值和旅游吸引力。例如，通过对传统村落的修缮和改造，保持村落的整体风貌，保护村落中的历史建筑和文化遗产，增强村落的历史文化氛围。

同时，通过发展乡村旅游，利用传统村落的文化资源，可以提升村落的经济和社会效益。乡村旅游不仅可以为村落带来经济收益，还可以促进村落的文化传承和发展。例如，可以通过开发乡村旅游景点和旅游线路，吸引游客前来参观和体验，增加乡村的旅游收入。也可以通过举办乡村文化节、民俗活动等，展示乡村的传统文化和民俗风情，增加乡村的文化吸引力和社会凝聚力。此外，还可以通过引入文化创意产业，利用传统村落的文化资源，促进乡村的经济发展和文化繁荣。文化创意产业不仅可以为村落带来新的经济增长点，还可以促进村落的文化传承和创新。如可以通过开发传统手工艺品、文化旅游产品等，增加村落的经济收入，提升村落的文化价值和社会效益。

4. 乡村文化活动的推广与发展

乡村文化活动是乡村生活的重要组成部分，是乡村景观的重要内容。通过推广和发展乡村文化活动，可以丰富乡村居民的文化生活，增强乡村的文化氛围和社会凝聚力。例如，通过组织乡村文化节、农民运动会等活动，展示乡村的传统文化和民俗风情，增加乡村的文化吸引力。乡村文化节和农民运动会不仅可以为村民提供丰富的文化娱乐活动，还可以增强村民的文化认同感和归属感，提升村民的生活质量和幸福感。

二、传统乡村景观保护与利用的可行性分析

（一）景观稳定性强

1. 传统乡村景观的生态稳定性

传统乡村景观在长期的历史发展过程中形成了相对稳定的生态系统和文化景观。这些景观具有较强的稳定性和适应性，能够在一定程度上抵御外界环境的变化和冲击。例如，传统的梯田系统、古老的水利设施、乡村的森林和草地等，都具有较强的环境调节功能，能够维持生态系统的稳定性和可持续性。

（1）传统梯田系统的稳定性

传统梯田系统作为一种古老的农业生产方式，因其独特的地形特征和水土保持功能，具有较强的生态稳定性。梯田系统通过层层叠叠的田埂和灌溉渠

道，有效地防止了水土流失，保持了土壤的肥力和农业生产的可持续性。梯田的结构设计不仅有利于水土保持，还优化了水资源的利用。水从上层梯田流向下层梯田，经过逐层灌溉和渗透，使水资源得到了有效利用，减少了浪费。例如，云南元阳的哈尼梯田是典型的梯田系统之一。哈尼梯田不仅具有较高的景观价值，还展示了哈尼族人民在复杂地形条件下与自然和谐相处的智慧。梯田的水源来自山顶的森林，通过天然的渠道和人造的水利设施，水被引入梯田系统并得到合理分配，形成了一个自给自足的农业生态系统。哈尼梯田的生态系统不仅能有效抵御土壤侵蚀和水土流失，还能在旱涝等自然灾害中保持较高的稳定性和生产力。另一个典范是广西龙胜的龙脊梯田。龙脊梯田以层层叠叠、如同龙鳞般的形态著称，这种设计巧妙地结合了当地的地形和水文条件，使得梯田能够长期稳定地保持生产力。龙脊梯田的农业生产方式强调人与自然的协调发展，梯田系统的建设和维护依赖于当地农民的集体智慧和长期积累的经验，这种传统的农业智慧在当今生态农业和可持续发展中具有重要的参考价值。

（2）古老水利设施的调节功能

传统乡村的古老水利设施如水车、水塘、灌溉渠等，不仅是农业生产的重要保障，也是乡村景观的重要组成部分。这些水利设施通过科学合理的布局和设计，调节了水资源的利用和分配，维持了生态系统的稳定。水利设施的设计不仅满足了农业生产的需要，还兼顾了生态环境的保护，体现了古代工匠的智慧和技术。例如，浙江嘉兴的古镇水系是中国传统水利工程的杰出代表。古镇的水系通过精心设计的河道、水闸和桥梁，将天然水资源与人工水系有机结合，实现了水资源的高效利用和管理。古镇的水系不仅为农业生产提供了充足的灌溉水源，还形成了独特的水乡景观，改善了当地的生态环境。水系的建设和维护体现了古代工匠对自然环境的深刻理解和对可持续发展的追求。

四川都江堰的灌溉系统是另一著名的古老水利工程。都江堰通过分水堤、宝瓶口和飞沙堰等设施，巧妙地控制和分配岷江的水流，使得成都平原成为"天府之国"。都江堰的灌溉系统不仅为农业生产提供了可靠的水源保障，还有效地防止了洪涝灾害，改善了区域的生态环境。该系统展示了古代中国在水利工程领域的卓越成就和对生态稳定性的高度重视。

(3)乡村森林和草地的生态功能

乡村的森林和草地是重要的生态屏障,具有调节气候、净化空气、涵养水源等多种生态功能。这些自然景观通过长期的自然演替和人类的合理利用,形成了稳定的生态系统,能够有效抵御自然灾害和环境变化。乡村的森林和草地不仅是生物多样性的保护区,还提供了多种生态服务,为当地居民的生活和生产提供了重要保障。例如,贵州的侗寨森林是一个典型的乡村自然景观,展现了人与自然和谐共生的美丽画卷。侗寨森林通过涵养水源、调节气候和提供栖息地等功能,维持了当地的生态平衡。森林中丰富的生物多样性不仅对生态系统的稳定性起到了关键作用,还为当地居民提供了药材、木材和食物等多种资源。侗族人民通过传统的林业管理方式,如禁伐、轮伐和生态保护,确保了森林资源的可持续利用。内蒙古的草原牧场也是乡村自然景观的重要组成部分。草原不仅是牧业生产的基础,也是重要的生态屏障,具有防风固沙、涵养水源和调节气候等多种生态功能。通过合理的牧业管理,如轮牧和休牧,内蒙古的草原生态系统保持了较高的稳定性和生产力。草原牧场的生态功能不仅支持了当地的牧业生产,还改善了区域的生态环境,提高了居民的生活质量。

2.科学规划和管理对景观稳定性的增强

在传统乡村景观的保护和利用过程中,通过科学的规划和管理,可以进一步增强其稳定性。科学规划和管理不仅包括对传统农耕方式和生态农业的保护,还涉及对自然景观和人文景观的维护以及对乡村基础设施的改善。

(1)保护传统农耕方式和生态农业

保护传统农耕方式和生态农业,是维持乡村生态平衡和景观稳定性的关键措施。传统农耕方式不仅是农业生产的基础,更是乡村文化和历史的重要组成部分。通过保护和推广传统农耕方式,可以维护乡村的自然环境和文化景观,促进农业的可持续发展。例如,传统的稻作文化和梯田种植技术,既具有较高的生产效率,又能有效防止水土流失,维护土壤的健康。

生态农业和有机农业通过减少化学肥料和农药的使用,保持了土壤的肥力和生物多样性,是现代农业发展的重要方向。江西婺源的油菜花田就是一个生态农业的成功范例。每年春季,婺源的油菜花田吸引了大量游客,不仅带动了当地的旅游经济,还保护了当地的生态环境和传统农耕文化。类似的,山东寿光的蔬菜大棚通过科学的种植技术和管理方式，实现了高效、环保的农业生产，成为全国蔬菜生产的示范基地。

（2）维护自然景观和人文景观

维护自然景观和人文景观，是保护传统乡村景观的重要内容。自然景观和人文景观是乡村文化和历史的载体，具有重要的生态、文化和社会价值。通过科学的规划和设计，可以有效保护和恢复乡村的自然景观和文化遗产，保持乡村景观的整体性和多样性。例如，福建土楼的保护与利用就是维护乡村人文景观的成功案例。土楼作为福建客家人的传统民居，不仅具有独特的建筑风格和历史文化价值，还展示了人与自然和谐共处的智慧。通过科学的修缮和管理，福建土楼得以保存和传承，同时也成为重要的旅游资源，带动了当地经济的发展。山西平遥古城的修缮与管理也是保护乡村自然和人文景观的成功范例。平遥古城作为中国保存最完整的古代县城之一，具有重要的历史文化价值。通过科学的规划和管理，平遥古城的历史建筑得以保护和修缮，同时，古城的传统生活方式和文化习俗也得到传承和发展。平遥古城不仅吸引了大量游客，还被联合国教科文组织确定为世界文化遗产，成为世界文化遗产保护的典范。

（3）改善乡村基础设施

改善乡村基础设施，是提升乡村居住环境和生活条件的重要手段。基础设施是乡村发展的基础和保障，通过加强乡村的道路、供水、排水、电力等基础设施建设，可以提升乡村的宜居性和生活质量，促进人口回流和经济发展。例如，通过实施乡村道路硬化工程，可以改善乡村的交通条件，方便村民的出行和农产品的运输，提升乡村的经济活力。乡村道路硬化工程不仅可以提高乡村的基础设施水平，还能美化乡村的环境，提升乡村的整体形象和吸引力。农村安全饮水工程是改善乡村基础设施的重要内容。通过建设和改造农村供水设施，可以保证村民的饮水安全，提高村民的生活质量。安全饮水工程不仅能改善村民的健康状况，还能提升乡村的宜居性，吸引更多的人口回流和投资。清洁能源工程也是提升乡村基础设施和环境质量的重要手段。通过推广使用清洁能源，如太阳能、风能和生物质能等，可以减少传统能源的使用和环境污染，提升乡村的生态环境质量。清洁能源工程不仅能提供清洁、可持续的能源，还能促进乡村的绿色发展和生态保护。

（二）景观类型多样

传统乡村景观类型多样，既包括自然景观也包括人文景观。这些多样的景观类型，构成了乡村独特的景观体系，具有较高的美学价值和生态价值。

1. 自然景观的多样性

乡村的自然景观类型丰富多样，包括田园风光、森林草地、河流湖泊等。这些自然景观通过自然演替和人类的合理利用，形成了独特的生态系统和景观特色。例如，四川的田园风光、内蒙古的草原景观、广西的喀斯特地貌等，都是乡村自然景观的典型代表，展现了丰富多样的自然美景。

（1）田园风光

田园风光是乡村自然景观的重要组成部分，具有浓厚的乡土气息。田园风光不仅为农业生产提供了空间，也是生态环境的重要组成部分。田园风光中的田野、农田、果园等，通过人类的耕作和管理，形成了独特的景观类型。这些景观不仅具有生产功能，还承载了丰富的文化和历史记忆，体现了人与自然和谐共生的智慧。例如，四川盆地的稻田景观是中国田园风光的典型代表。层层叠叠的梯田与青山绿水相映成趣，构成了美丽的田园画卷。这些梯田不仅是农业生产的重要基础，还具有防止水土流失、涵养水源的生态功能。在梯田中，从插秧到收割的水稻生长过程不仅展示了农耕文化的魅力，还形成了动态的稻田美丽景观。每年春夏季节，田野中稻苗青青、禾苗吐翠；秋收时节，金黄的稻穗铺满田野，呈现出一幅幅美丽的田园画卷。此外，田园风光还包括各种农作物的生长和收获过程，这些农作物如水稻、小麦等，经过人类的精心耕作，展现了农业生产的动态美。这些景观不仅具有观赏价值，还反映了农业生产的季节性变化和农民的辛勤劳作。例如，江南水乡的桑基鱼塘，既是农业生产的场所，又是生态系统的一部分，是人与自然和谐共生的典范。

（2）森林草地

森林和草地是乡村生态系统的重要组成部分，具有重要的生态价值和景观价值。森林不仅提供木材、药材等资源，还具有涵养水源、保持水土、防风固沙等生态功能。森林生态系统通过复杂的结构和多样的物种，维持了生态平衡和生物多样性，对环境的稳定具有重要作用。内蒙古的草原景观广袤无垠，绿草如茵，是世界著名的草原景观之一。草原不仅是畜牧业的重要基地，也是生态旅游的重要资源。内蒙古的草原景观以其辽阔的草原、丰富的动植物资源和独特的游牧文化吸引了大量游客。草原上的四季变化展现了自然的壮丽景色，春季百花齐放，夏季绿草如茵，秋季黄草遍地，冬季白雪皑皑，形成了四季分明、景色各异的自然景观。草地景观的多样性也体现为不同类型的草地，如高山草甸、湿地草原、荒漠草原等，都各具独特的生态特征和景观美。高山草甸通常分布在海拔较高的地区，气候凉爽湿润，植物种类丰富，是许多高山植物和动物的重要栖息地。湿地草原则具有独特的水文条件和湿地植被，提供了重要的生态服务功能，如为水鸟提供栖息地和水质净化功能。荒漠草原虽然植被稀疏，但其独特的生态适应性使其在干旱条件下仍能维持一定的生物多样性。

（3）河流湖泊

河流和湖泊是乡村自然景观的重要组成部分，具有重要的生态和美学价值。河流湖泊不仅提供水资源，还具有调节气候、净化水质、提供栖息地等生态功能。河流湖泊的水体景观在乡村中形成了独特的自然环境和生物栖息地，丰富了乡村的自然景观和生态多样性。

广西的喀斯特地貌以其独特的地质构造和美丽的自然景观著称。喀斯特地貌中的河流湖泊，清澈见底，水质优良，与周围的山峰、石林相得益彰，构成了壮丽的自然景观。例如，桂林的漓江，以其蜿蜒曲折的河道、奇峰异石和翠竹青山闻名于世。漓江两岸的喀斯特山峰如屏如障，河中清流如镜，展现了"山青、水秀、洞奇、石美"的独特魅力。漓江的水域生态系统也为多种水生动植物提供了栖息环境，维持了区域的生态平衡。

河流湖泊景观的多样性还体现为不同类型的水体，如溪流、瀑布、湖泊等，都具有丰富的景观特征和生态功能。溪流是河流系统中的重要组成部分，具有较高的生物多样性和生态价值。瀑布则以雄伟壮观的水流景象形成了独特的自然景观，吸引了无数游客。湖泊作为大型的静水水体，不仅是重要的水资源储备地，还为鱼类和水鸟提供了重要的栖息环境。例如，云南的洱海湖，既是重要的淡水湖泊，也是著名的旅游胜地，其优美的湖光山色和丰富的生物资源吸引了大量游客和研究者。

2. 人文景观的多样性

乡村的人文景观同样丰富多样，包括传统村落的建筑风貌、农田耕作景观等。这些人文景观经过历史的积淀和文化的传承，形成了独特的文化氛围和景观特色。例如，云南的古村落、贵州的苗寨建筑、浙江的乡村节庆活动等，都是乡村人文景观的典型代表，展示了丰富多彩的文化遗产。

（1）传统村落的建筑风貌

传统村落的建筑风貌是乡村人文景观的重要组成部分，具有独特的地域特色和文化价值。传统村落的建筑形式多样，包括民居、庙宇、祠堂、牌坊等，体现了当地的历史文化和风土人情。这些建筑不仅反映了建筑技术的进步和工艺的精湛，还展示了村落居民的生活方式、社会结构和宗教信仰。例如，云南的古村落以其独特的建筑风格和保存完好的历史风貌著称。其中，丽江古城和大理古城是云南古村落的典型代表。丽江古城的建筑融合了汉族、白族和纳西族等多种民族的建筑特色，以木结构为主，是具有独特风格的民居建筑。丽江古城的街道布局依山傍水，水系交错，形成了独特的"水城"风貌。大理古城则以白族传统建筑为主，白墙青瓦，雕梁画栋，展示了白族人民的建筑艺术和生活习俗。此外，贵州的苗寨建筑也是传统村落建筑风貌的典型代表。苗寨的建筑以木结构为主，错落有致地分布在山坡上，形成了独特的山地村落景观。苗寨的民居通常为吊脚楼，具有良好的通风和防潮功能，适应当地的气候条件。苗寨建筑不仅反映了苗族人民的建筑智慧，还展示了苗族的文化和宗教信仰，如苗族的图腾柱和祭祀场所等。

浙江的乡村节庆活动也体现了传统村落的建筑风貌和文化特色。例如，浙江的庙会和传统节庆活动，不仅展示了传统的民俗文化，还展现了丰富的建筑遗产。庙会期间，各种传统建筑如庙宇、祠堂和牌坊等，都成为文化活动的重要场所，吸引了大量游客和文化爱好者。

（2）农田耕作景观

农田耕作景观是乡村人文景观的重要组成部分，体现了传统的农业生产方式和农耕文化的传承。农田耕作景观包括农田的布局、耕作方式、灌溉系统等，具有重要的文化和景观价值。这些景观不仅展示了农业生产的历史和技术进步，还反映了乡村居民的生活方式和文化习俗。

贵州苗族的农田耕作景观包括梯田、水田和旱田等，不同的耕作方式适应了不同的地形和气候条件。苗族人民通过世代相传的农耕技术和管理经验，形成了独特的农业生产体系，如苗族的梯田种植和水稻栽培等。这些农田景观展示出苗族人民的智慧和勤劳。

　　农田耕作景观的多样性还体现为不同类型的农业生产方式。例如，旱作农业主要分布在干旱和半干旱地区，通过雨养和旱作技术进行农业生产。水田农业则主要分布在气候湿润、降水充足的地区，通过灌溉系统和水稻栽培技术进行生产。梯田农业是山区和丘陵地区常见的耕作方式，通过修筑梯田和引水灌溉，利用有限的土地资源进行农业生产。此外，农田耕作景观还包括传统的灌溉系统和农田基础设施。例如，江南地区的水乡农田，通过复杂的水利工程和灌溉渠系，实现了高效的水资源利用和农田灌溉。传统的灌溉系统不仅提高了农业生产效率，还形成了独特的农田景观和生态系统。

第四章　乡村景观设计的理论与方法

第一节　景观设计的基本理论

一、景观设计的定义与内涵

景观设计是一门综合性学科，涉及建筑学、园林学、生态学、艺术学等多个领域。它是指通过对自然环境和人文景观的规划、设计和管理，创造出既美观又功能合理的空间环境。景观设计不仅是对绿化和美化环境的追求，还包括生态的可持续性、人类生活的舒适性和文化的传承等内涵。

视觉美感是景观设计的一个重要方面，通过合理的色彩搭配、形态设计和空间布局，景观设计师能够创造出令人愉悦的视觉体验。然而，景观设计远不止于此，它还需要考虑生态保护问题。一个成功的景观设计能够维持或恢复当地的生态平衡，促进生物多样性。例如，在选择植物时，应优先考虑本地物种，以减少资源浪费和维护成本，同时增强生态系统的稳定性。

景观设计还强调文化传承和社区参与。乡村景观尤其需要体现当地的历史和文化特色，使之成为当地居民的集体记忆和文化认同的一部分。通过景观设计能够拓展社区活动和居民互动的公共空间，不仅改善了物理环境，还增强了社会凝聚力和社区的归属感。

二、景观设计的主要理论

景观设计的主要理论包括生态设计理论、景观美学理论和社会参与理论等。这些理论为景观设计实践提供了科学的理论基础和指导方针。

（一）生态设计理论

生态设计理论强调人与自然的和谐共处，设计过程应充分考虑生态环境的保护和资源的可持续利用。具体方法包括选择本地植物、恢复自然水系、构建生态廊道等。选择本地植物不仅有助于维持当地生态系统的稳定性，还能减少养护成本和资源消耗。恢复自然水系是另一种重要方式，通过保护和修复河流、湖泊和湿地等水体，可以提高水资源的利用效率，改善水质，促进水生态系统的健康发展。构建生态廊道则通过连接分散的自然栖息地，促进动植物的迁徙和基因交流，提高生态系统的整体连通性和稳定性。

生态设计理论还强调节约资源和减少污染。设计应尽量利用可再生能源和环保材料，减少对环境的负面影响。例如，使用太阳能照明和雨水收集系统，不仅节约了能源和水资源，还减少了对环境的污染。设计师在具体项目设计中，应全面考虑项目所在地的气候条件、地形特点和生态环境，通过科学分析与实地调研，确定最适合的生态设计策略。此外，生态设计理论还关注生态系统服务功能的提升，包括气候调节、水源涵养、生物多样性保护等。通过合理设计，提升景观的生态服务功能，不仅能为当地居民提供优美的生活环境，还能为区域生态安全做出贡献。

（二）景观美学理论

景观美学理论注重景观的视觉效果和艺术表现，通过景观的色彩、形态、比例等的合理搭配，创造出具有美感的景观空间。景观美学理论认为景观设计不仅是一门科学，也是一门艺术，它强调设计师应具备艺术修养和审美能力。色彩在景观设计中具有重要的作用。通过对植物、建筑材料和装饰物的色彩选择和搭配，设计师可以创造出丰富的视觉效果。例如，利用季节变化中的植物色彩变化，可以在不同的季节营造出不同的景观氛围。

形态和比例是景观设计的另两个关键要素。设计师需要考虑空间的整体布局和各个元素的比例关系，使得景观既和谐美观，又具有独特的个性。通过对自然和人工景观元素的精心安排，设计师能够创造出既具有视觉冲击力又符合功能需求的景观空间。景观美学理论还强调空间的层次感和序列感。通过对空间的分隔和过渡，设计师可以引导人们的视线和移动路线，创造出丰富的空间体验。例如，通过设置不同高度的植物和景观小品，可以形成视觉上的焦点和层次，使得景观空间更加丰富和有趣。此外，景观美学理论也注重文化和历史元素的融入。设计师应充分挖掘和体现当地的历史文化内涵，通过景观设计传递文化信息，增强景观的文化价值和历史感。例如，在历史街区的景观改造中，可以通过保留和修复历史建筑、设置文化标识等方式，展现地域文化特色，提升景观的文化深度和历史厚重感。

（三）社会参与理论

社会参与理论主张在景观设计过程中，广泛吸纳公众的意见和建议，使设计成果能够真正满足社区的需求。这一理论强调公众的主体地位和参与权，认为公众参与是实现景观设计社会价值的重要途径。在实际操作中，社会参与理论要求设计师在项目初期就与社区居民进行广泛的沟通，通过座谈会、问卷调查和工作坊等方式，了解他们的需求和期望。通过这种互动，可以确保设计方案能够真正反映社区的意愿和利益。

社会参与不仅能够提高设计的合理性和实用性，还能增强社区的归属感和认同感。通过参与设计过程，不仅能使居民对最终的设计结果更加满意，也会让居民更加珍惜和维护他们共同创造的景观环境。此外，社会参与理论还强调社区教育和公众意识的提高。通过设计过程中的公众参与和教育活动，可以增强居民的环境保护意识和社区责任感，促进社区的可持续发展。

在具体实践中，社会参与理论的实施需要设计师具备较强的沟通能力和协调能力，能够有效组织和引导公众参与活动。同时，设计师还需具备开放和包容的态度，尊重公众的意见和建议，并将其合理融入设计方案中。例如，在社区公园的设计中，可以通过举办设计竞赛、设置居民投票等方式，广泛征集和采纳居民的创意和意见，打造真正属于社区的公共空间。

第二节　乡村景观设计的基本原则

一、城乡统筹

在进行乡村景观设计时，必须充分考虑乡村所在区域内城乡间的产业发展模式、相应的配套服务设施、用地布局以及生态等方面的相互关系。城乡统筹的目的是通过优化资源配置，实现城乡一体化发展，从而提高乡村景观的综合效益。城乡统筹不仅能够提升乡村的整体环境质量，还能促进乡村经济发展和社会进步，真正实现城乡协调发展。

（一）产业发展模式的统筹

城乡产业发展模式的统筹不仅涉及产业链的延伸和融合，还包括资源的优化配置。城市先进的管理经验和技术可以为乡村提供技术支持和管理模式上的借鉴。例如，乡村的农产品可以通过与城市的合作，进入更广阔的市场，实现产业链的延伸。反过来，城市的科技成果也可以通过在乡村的试点和推广，促进乡村产业的升级和转型。具体而言，可以通过建立农产品直销中心、发展乡村电商平台等方式，拓宽乡村产品的销售渠道，提升产品的附加值。

在现代农业发展中，科技的应用尤为重要。通过引进城市的农业科技和管理经验，可以大幅提升乡村农业的生产效率和质量。例如，可以在乡村推广智能温室、大数据农业管理系统、精准施肥和灌溉技术等，提升农业生产的现代化水平。此外，城市的文化创意产业、旅游产业等也可以与乡村的自然资源、文化资源相结合，开发出具有特色的乡村旅游产品，带动乡村经济的发展。

（二）配套服务设施的统筹

城乡配套服务设施的统筹是城乡一体化的重要内容之一。在乡村景观设计中，应考虑到教育、医疗、文化、交通等公共服务设施的布局和功能的优化。

通过城乡资源的互补和共享,提高乡村的公共服务水平。例如,可以在乡村建立图书馆、文化中心、社区服务中心等,提高村民的文化生活质量。同时,基础设施的建设和改造也应同步进行,如对道路、水电、通信等基础设施的完善,确保乡村居民能够享受与城市居民同等的生活便利。

教育和医疗保障是提高乡村居民生活质量的关键因素。在教育方面,可以通过城乡教师资源的合理配置、互联网教育平台的推广等方式,提高乡村教育的水平和质量。在医疗方面,可以通过城乡医院的合作、远程医疗技术的应用,提高乡村医疗服务的水平和可及性。此外,文化设施的建设也非常重要,如文化馆、体育场馆等,可以丰富村民的文化生活,提升他们的精神面貌。

交通基础设施的改善是实现城乡一体化的基础条件。通过建设和改造乡村道路、增加公共交通线路、改善交通管理等措施,可以提高乡村的交通便利性和安全性,促进城乡人员、物资、信息的交流和流通,增强乡村的经济活力和吸引力。

(三)用地布局的统筹

城乡用地布局的统筹需要在保护生态环境的前提下,实现土地资源的合理利用和高效配置。在乡村景观设计中,要结合当地的地形地貌、自然资源等条件,合理规划乡村的功能分区。例如,合理布局生产区、生活区、休闲区等,既满足村民的生产生活需要,又提升乡村的景观质量和生态效益。生产区应包括农业生产用地、农业设施用地等,生活区应包括居民住宅、公共服务设施等,休闲区则应包括公园、绿地、旅游景点等。

在用地布局中,应注重土地的集约利用和可持续发展。例如,可以通过土地整治、土地流转等方式,提高土地利用效率,减少土地浪费。在居住区的规划中,可以通过合理的建筑布局、绿化设计、公共空间配置等,营造舒适宜居的生活环境。在农业区的规划中,可以通过科学的田块划分、灌溉系统设计等,提升农业生产效率和生态效益。在休闲区的规划中,可以通过景观设计、设施配置等,增强乡村的旅游吸引力和景观美感。

同时,用地布局的统筹还应考虑到防灾减灾的需要。在规划中,应充分考虑地质灾害、气象灾害等自然灾害的风险,采取必要的防灾减灾措施,确保村民的生命财产安全。例如,在地质灾害易发区,应避免建设重要设施和居民住宅；在洪涝灾害易发区，应建设防洪堤坝、排水系统等，增强区域抗灾能力。

（四）生态关系的统筹

城乡生态关系的统筹是城乡统筹的核心内容之一。在乡村景观设计中，应注重保护和改善生态环境，促进城乡生态系统的良性互动。例如，通过建设生态走廊、绿地系统等，实现城乡生态的互联互通，增强区域生态的整体性和稳定性。生态走廊可以连接城市与乡村的自然景观，形成生态廊道，促进动植物的迁徙和基因交流，增强区域的生物多样性和生态服务功能。在生态关系的统筹中，也应注重水资源的保护和管理。通过建设湿地公园、雨水花园等措施，可以改善水环境质量，增强水资源的自净能力和生态功能。同时，植被的保护和恢复也是生态关系统筹的重要内容之一。通过种植本地植物、建设绿地系统等措施，可以增强生态系统的稳定性和适应性，提高区域的生态服务能力。此外，城乡生态关系的统筹还应注重生态教育和公众参与。通过生态教育活动、公众参与项目等，增强城乡居民的生态保护意识，促使他们参与生态保护和环境改善工作。例如，可以通过开展环保志愿者活动、建设社区生态园等，增强居民对生态环境的关注和保护意识，推动城乡生态环境的共同改善。

二、因地制宜

乡村景观设计应综合考虑所规划或设计的乡村自然环境条件、经济发展状况、村民的生产生活方式以及民族风俗习惯等，尊重当地的实际现状，制定相应的环境保护措施和人居环境规划或设计的目标。因地制宜不仅是一种设计原则，更是一种设计方法，它要求设计师在尊重自然和社会环境的基础上，充分发挥创意和智慧，设计出符合实际需求、具有地方特色的景观空间。

（一）自然环境条件的因地制宜

1. 地形地貌

因地制宜的第一步是深入了解和分析乡村的自然环境条件。地形地貌是乡村景观设计的基础，不同的地形地貌会对景观设计产生不同的影响。在山地地区，可以利用山地的高差和自然景观，设计层次丰富、富有变化的景观。例如，可以在山地上设置观景平台、步道系统等，让人们在欣赏自然美景的同时，感受自然的雄伟与壮丽。在坡地上，可以设计梯田景观，既有利于农业生产，又增加了景观的层次感和美感。

在平原地区，景观设计师可以通过设计河流、湖泊等水体景观，增加景观的多样性和美感。水体景观不仅可以改善生态环境，还可以为居民提供休闲娱乐的场所。例如，可以在河流两岸设计滨水公园、湿地公园等，通过亲水平台、栈道等设施，增加人与景观的互动，提升景观的趣味性和可观性。

2. 气候条件

气候条件对乡村景观设计也有着重要影响。不同地区的气候条件决定了植物的选择和配置。在寒冷地区，应选择耐寒性强的植物，设计防风林带、阳光花园等，创造温暖宜人的景观空间；在炎热地区，则应选择耐旱性强的植物，设计遮阴设施、凉亭等，提供凉爽的休憩空间。

在降水量较大的地区，应注重排水系统的设计，以防止洪涝灾害。例如，可以设计雨水花园、透水铺装等，增强地表水的渗透和滞留能力，减少地表径流。在降水量较少的地区，则应注重水资源的收集和利用，例如，通过设计雨水收集系统、蓄水池等，提高水资源的利用效率。

3. 植被类型

植被类型是乡村景观设计的重要组成部分。不同地区的植被类型各不相同，设计师应根据当地的植被条件选择适宜的植物种类和配置方式。在森林覆盖率较高的地区，可以设计森林公园、生态保护区等，保护和利用森林资源；在草原地区，可以设计草原景观、牧场等，展示草原的自然风光和文化特色。

选择植物时，应优先考虑本地物种，因为本地植物更适应当地气候和土壤条件，维护成本较低，并且能够为本地动物提供栖息地，从而增强生态系统的稳定性。同时，植物的配置应注重季相变化、色彩搭配等，创造四季变化、色彩丰富的景观效果。

（二）经济发展状况的因地制宜

1. 经济发展水平

乡村的经济发展状况直接影响到景观设计的投入和实施效果。在经济较为发达的地区，可以考虑进行高标准、高投入的景观设计，打造高品质的景观空间。例如，可以建设高档的度假村、生态旅游区等，提供高质量的旅游服务，吸引高端游客，带动当地经济发展。

在经济欠发达的地区，则应注重低成本、高效益的景观设计，通过合理规划，利用现有资源，提升乡村的景观质量和村民的生活水平。例如，可以通过推广节约型景观设计，利用本地材料和传统技艺，降低景观建设成本。同时，可以通过发展农业观光、休闲农业等，增加村民的收入来源，提升他们的生活水平。

2. 资源配置与利用

经济发展的不同阶段，对资源的需求和利用方式也不同。在资源丰富的地区，应注重资源的合理开发和利用，例如，利用丰富的水资源发展水上旅游，利用丰富的森林资源发展森林康养等。在资源匮乏的地区，则应注重资源的节约和再利用，例如，推广节水灌溉、循环农业等，提高资源的利用效率。

同时，景观设计应注重产业结构的优化和调整，促进乡村产业的升级和转型。例如，可以通过引进高效农业技术、发展生态农业等，提高农业生产效率和附加值；通过发展乡村旅游、文化创意产业等，拓宽乡村经济的发展渠道，提高村民的收入和生活质量。

（三）生产生活方式的因地制宜

1. 适应生产方式

村民的生产方式是乡村景观设计的重要参考因素。不同地区的村民有着不同的生产方式和习惯，设计师应尊重这些习惯，设计出符合村民需求的景观空间。例如，在以农业为主的乡村，可以设计农业景观，同时结合现代农业科技，提升农业生产效率和景观效益；在以渔业为主的乡村，可以设计水体景观，在保护和利用水资源的同时，发展渔业旅游和休闲产业。

在农业区，可以通过科学的田块划分、灌溉系统设计等，提升农业生产的现代化水平和生态效益；在渔业区，可以通过设计鱼塘、湿地等，提升水资源的利用效率和景观效果。同时，设计师应注重生产景观与生活景观的有机结合，通过合理的布局和设计，既满足村民的生产需求，又提升景观的美观性和宜居性。

2. 适应生活方式

村民的生活方式和习惯对景观设计也有着重要影响。在生活区的设计中，应注重居住环境的舒适性和安全性，例如，通过合理的建筑布局、绿化设计、公共空间配置等，营造舒适、宜居的生活环境。在公共空间的设计中，应考虑村民的活动需求和行为习惯，例如，设置足够的座椅、遮阳设施和照明系统，为村民提供便利和舒适的使用体验。

同时，景观设计也应注重无障碍设计，确保所有人，包括老年人和残障人士，都能方便、安全地使用景观空间。例如，可以通过设计无障碍通道、设置无障碍设施等，提高景观空间的可达性和包容性，提升村民的生活质量和幸福感。

（四）民族风俗习惯的因地制宜

1. 体现文化内涵

民族风俗习惯是乡村景观的文化内涵和特色所在。设计师应深入了解当地的民族文化和风俗习惯，在景观设计中融入这些文化元素，体现乡村的独特魅力。例如，可以在景观设计中保留和恢复传统的民族建筑、民间艺术、节庆活动等，增强乡村的文化吸引力。

在建筑设计中，可以通过保护和修复传统建筑，展示民族建筑的独特风格和工艺；在景观设计中，可以通过设置文化展示区等，展示和传承民族文化和传统。例如，可以在村中心修建文化广场，设置民族雕塑、壁画等，展示民族文化的精髓。可以设计传统节庆活动场所，增强乡村的文化氛围。

2. 尊重风俗习惯

设计师在进行乡村景观设计时，应尊重当地的风俗习惯，避免对村民的生活方式和传统文化造成不良影响。在公共空间的设计中，应考虑到村民的社交习惯和活动方式，例如，设计适合村民聚会和活动的场所，提供充足的休息和交流空间。在景观元素的选择和配置中，应尊重当地的审美习惯和文化传统，例如，选择符合当地风俗习惯的植物和装饰材料，避免使用不符合当地文化的设计元素。

同时，景观设计应注重文化的多样性和包容性，通过多样化的设计手法，展示和包容不同文化的特点和价值。例如，可以通过设计多功能的公共空间，提供多种文化的活动场所，促进不同文化的交流和融合。通过设置文化教育场所，如博物馆、文化中心等，展示和传承多元文化，增强村民的文化认同感和归属感。

三、节约资源

乡村景观设计应保护现有水系、农业用地以及生物等宝贵资源,节约资源,积极倡导使用可再生能源,鼓励有条件的地区设施联建共享。节约资源不仅是经济发展的需要,更是生态保护的基本要求。通过合理规划和设计,可以减少对自然资源的浪费,提高资源的利用效率,实现资源的可持续利用。

(一)水资源的保护和利用

1. 水资源的重要性

水资源是乡村景观中最重要的自然资源之一。水资源不仅是人类生活和生产的基础,还对生态系统的维持和景观的美化具有重要作用。保护和利用好水资源,可以提高乡村景观的生态功能和景观效益。

2. 合理规划与设计

在乡村景观设计中,应通过合理规划和设计,保护现有水系,防止水资源的浪费和污染。例如,可以通过建设湿地、雨水花园等,增强水体的自净能力和生态功能。湿地具有很强的净化能力,可以过滤污染物,改善水质。雨水花园可以通过植物的吸收和土壤的过滤,减少地表径流,增强雨水的渗透和利用。

3. 水体景观与休闲利用

在水资源丰富的地区,还可以结合水体景观,发展休闲渔业和水上旅游等。通过设计亲水平台、栈道等设施,能够增加人与水的互动,提升景观的趣味性和可达性。例如,可以在河流两岸设计滨水公园,吸引游客前来观光和游玩,带动当地的旅游经济发展。

(二)农业用地的保护和利用

1. 农业用地的重要性

农业用地是乡村的生产基础,是保障粮食安全和农业可持续发展的重要资源。乡村景观设计应注重保护和利用农业用地,避免土地的过度开发和浪费,实现土地资源的合理利用和高效配置。

2.科学的土地利用规划

可以通过科学的土地利用规划，将农业用地与景观绿地有机结合，形成既有生产功能又有景观效果的农业景观。例如，可以在农业用地中设计景观农田、观光农业园等，既满足农业生产的需求，又提升景观的美观性和生态效益。景观农田可以通过种植不同颜色的作物，形成色彩斑斓的田园景观；观光农业园可以通过设计休闲观光设施，吸引游客前来参观和体验。

3.生态防护林与生态走廊

在农业用地周边，可以设计生态防护林、生态走廊等，保护农田生态环境，提升农业景观的生态效益。生态防护林可以防风固沙、保持水土、调节气候，保护农田免受自然灾害的侵害；生态走廊可以连接不同的生态斑块，形成生态廊道，促进动植物的迁徙和基因交流，增强区域的生态多样性和生态服务功能。

4.资源节约与再利用

在农业生产中，应注重资源的节约和再利用。例如，可以通过推广节水灌溉、循环农业等技术，提高水资源和养分的利用效率；通过利用农业废弃物生产有机肥、发展生态农业等，减少农业生产对环境的影响，实现农业的可持续发展。同时，还应加强农业科技的应用，提升农业生产的现代化水平。

（三）生物资源的保护和利用

1.生物资源的重要性

生物资源是乡村景观多样性和生态价值的体现。保护和利用好生物资源，可以增强景观的生态功能和景观效益，提升乡村景观的美观性和生态稳定性。

2.生态廊道与生态岛屿

在乡村景观设计中，应通过合理规划和设计，保护现有的生物资源，增强景观的生态功能和景观效益。例如，可以通过设计生态廊道、生态岛屿等，保护和恢复生物多样性。生态廊道可以增强区域的生态多样性和生态服务功能；生态岛屿可以作为动植物的栖息地，为其提供良好的生境条件，保护生物多样性。

3.本地植物的选择与应用

在景观设计中，可以选用本地的植物种类，增强景观的地域特色和生态适应性。本地植物适应当地气候和土壤条件，维护成本较低，并且能够为本地动物提供栖息地，从而增强生态系统的稳定性。

（四）可再生能源的推广和利用

1. 可再生能源的重要性

可再生能源的推广和利用是乡村景观设计中的重要内容。利用太阳能、风能等可再生能源，可以减少对传统能源的依赖，降低能源消耗和环境污染，实现资源的可持续利用。

2. 太阳能的应用

在乡村景观设计中，可以通过推广使用太阳能，建设生态友好的基础设施和公共服务设施。例如，可以在乡村景观中设计太阳能路灯、太阳能热水系统等，提高能源利用效率，减少对传统能源的依赖。太阳能路灯不仅可以提供良好的照明效果，还可以节约能源，降低运行成本；太阳能热水系统可以为村民提供清洁能源，改善其生活条件。

3. 风能的应用

风能是另一种重要的可再生能源。在风力资源丰富的地区，可以通过建设风力发电设施，利用风能发电，减少对传统能源的依赖。例如，可以在乡村景观中设计风力发电机组，通过风力发电，提供清洁能源，改善能源结构。同时，风力发电设施还可以作为景观元素，增加景观的美观性和科技感。

4. 设施联建共享

可再生能源的推广和利用不仅需要技术支持，还需要设施的联建共享。在乡村景观设计中，可以通过鼓励有条件的地区设施联建共享，提高资源利用效率，降低建设和运行成本。例如，可以通过建设区域性的太阳能发电站、风力发电场等，实现能源的集中生产和分配，提高能源的利用效率和经济效益。

四、突出特色

民风民俗文化是乡村景观的灵魂所在，要塑造秀美的乡村景观，就要保护和突出当地自然、文化、地域以及生活等特色。通过挖掘和展示乡村的独特元素，既可以提升景观的美学价值，又可以增强村民的认同感和自豪感。

（一）突出自然特色

1.利用和保护自然景观资源

自然特色是乡村景观设计的重要内容。在设计中应充分利用和保护乡村的自然景观资源，如山水、森林、湿地等，打造具有地方特色的自然景观。例如，在山地景观中可以通过设计观景平台、生态步道等，让村民和游客欣赏到壮丽的自然景观，同时增强其对自然景观的体验和认同。可以在山顶或半山腰设置观景平台，提供开阔的视野，让人们尽览山川美景。可以让生态步道蜿蜒穿过森林、草地等自然区域，为村民和游客提供近距离接触自然的机会。

在湿地资源丰富的地区，可以设计湿地公园，通过科学的规划和建设，保护湿地生态系统，同时提供观鸟、摄影等生态旅游活动。湿地公园不仅可以增强游客的生态保护意识，还可以作为教育基地，向游客普及生态知识。此外，通过设计水上栈道、观鸟塔等设施，可以提高游客的参与感和体验感，增强景观的吸引力和趣味性。

2.发展生态旅游和休闲农业

在自然资源丰富的地区，可以发展生态旅游和休闲农业，提升乡村景观的经济和生态效益。例如，在有丰富山水资源的地区，开发山地旅游、漂流、登山等项目，吸引游客前来体验自然之美。通过设计露营地、观景台、探险路线等，可以满足不同游客的需求，为其提供多样化的旅游体验。

休闲农业是一种结合农业生产与休闲娱乐的新型农业模式。在乡村景观设计中，可以通过设计观光农田、采摘园、农家乐等，发展休闲农业，为游客提供体验农业生产、采摘农产品、品尝农家菜等活动。观光农田可以通过种植不同颜色和种类的农作物，形成色彩斑斓的田园景观；采摘园则可以为游客提供亲手采摘水果、蔬菜的机会，增加旅游的趣味性和互动性。这些项目不仅可以增加农民收入，还可以提升乡村的经济和生态效益，实现乡村的可持续发展。

（二）突出文化特色

1.挖掘和展示传统文化元素

文化特色是乡村景观设计的核心内涵。设计师应深入挖掘和展示乡村的传统文化元素，如传统建筑风格、民间艺术、地方节庆活动等，使乡村景观具有独特的文化内涵和美学价值。例如，在传统建筑保护和修复方面，可以保留和修复具有历史价值和地方特色的传统民居、祠堂、古桥等建筑。通过科学的修复和保护措施，使这些建筑焕发新的生机，同时保留其历史和文化价值。

在民间艺术方面，可以通过设置艺术展示区、手工艺作坊等，展示和传承地方的民间艺术和传统手工艺。艺术展示区可以展示地方的剪纸、刺绣、木雕等传统艺术品，向游客介绍这些艺术品的历史和制作技艺。可以邀请当地的手工艺人在手工艺作坊进行现场制作，让游客亲身体验传统手工艺的魅力。

2. 组织和推广地方节庆活动

地方节庆活动是乡村文化的重要组成部分，也是展示地方文化特色的重要途径。通过组织和推广地方节庆活动，可以增强乡村的文化吸引力和竞争力。例如，在设计中可以保留和恢复传统的节庆场所，如庙会广场、戏台等，提供举办节庆活动的场地。在节庆期间，可以组织各种传统表演、民俗活动、集市活动等，展示地方的文化特色和民俗风情，吸引游客前来参与和体验。

（三）突出地域特色

1. 体现地域特征和地方风貌

地域特色是乡村景观设计的重要标志。在设计中应注重体现乡村的地域特征和地方风貌，通过合理的布局和设计，突出乡村的地域特色。例如，可以在景观设计中选用本地的建筑材料和植物种类，结合当地的地形地貌和自然条件，打造独具地方特色的乡村景观。在建筑设计中，可以采用本地传统的建筑材料，如砖瓦、木材、石材等，营造具有地方特色的建筑群落；在植物配置中，可以选择本地的植物种类，如当地的花卉、树木等，增强景观的地域性。

可以将乡村的自然景观和人文景观有机结合，形成具有地方特色的景观空间。例如，可以将乡村周边的山水、森林等自然景观纳入景观设计中，形成自然与人文景观相融合的景观体系。在乡村内部，可以通过设计小广场、街道绿化、庭院景观等，提升乡村的景观质量和宜居性。

2. 结合地形地貌和自然条件

在景观设计中，应注重结合地方的地形地貌和自然条件，因地制宜地进行设计。例如，在山地地区，可以利用山地的高差和自然景观，设计层次丰富、富有变化的景观；在平原地区，可以通过河流、湖泊等水体景观的设计，增加景观的多样性和美感。在设计中，可以通过科学规划和布局，将自然景观资源有机融入景观设计中，增强景观的自然美和生态效益。

在设计中，还应注重自然条件对景观元素选择和配置的影响。例如，在气候寒冷的地区，应选择耐寒性强的植物，设计防风林带、阳光花园等，提供温暖宜人的景观空间；在气候炎热的地区，应选择耐旱性强的植物，设计遮阴设施、凉亭等，提供凉爽的休憩空间。通过科学的植物配置和景观设计，可以创造出适应当地自然条件的景观环境，提高景观的适应性和持久性。

（四）突出生活特色

1. 展示村民的生产生活方式

生活特色是乡村景观设计的生动体现。在设计中应注重展示村民的生产生活方式和风俗习惯，通过合理的设计和布局，增强乡村景观的生活气息和人文关怀。例如，可以在景观设计中保留和恢复传统的农田、水井、庭院等，展示村民的生产生活场景。在农田景观中，可以设计观光田园、休闲农庄等，展示传统的农业生产方式和田园风光；在庭院景观中，可以通过设计花园、菜园等，展示村民的日常生活和劳动场景，增强景观的生活气息和亲和力。

在公共空间的设计中，可以设置社区活动场所，如广场、公园等，提供聚会和休闲娱乐的场地。例如，可以在村中心设计一个多功能广场，并设置休息座椅、健身器材、儿童游乐设施等，满足不同人群的需求。

2. 满足村民的休闲娱乐需求

在景观设计中，应注重满足村民的休闲娱乐需求，提升乡村景观的宜居性。例如，可以在景观中设计休闲娱乐场所，如体育场馆、文化中心等，以提供丰富的休闲娱乐活动。在体育场馆中，可以设置篮球场、羽毛球场等，满足村民的体育锻炼需求；在文化中心，可以设置图书馆、活动室等，提供丰富的文化娱乐活动，提高村民的文化生活质量。

同时，在景观设计中还应注重无障碍设计，确保所有人都能方便、安全地使用景观空间。例如，可以通过设计无障碍通道、设置无障碍设施等，提高景观空间的可达性和包容性。无障碍设施不仅应包括无障碍坡道、无障碍厕所，还应包括无障碍标识和信息系统，确保残障人士能够独立、安全地使用各项设施。此外，设计师应关注不同年龄段人群的需求，设计多样化的休闲娱乐设施。例如，对于儿童，可以设计游乐场、滑梯、沙坑等，提供安全、趣味的游戏场所；对于老年人，可以设计健身步道、太极广场等，提供适宜的健身和社交场所。

3. 保留和展示传统生活场景

保留和展示传统生活场景，是突出生活特色的重要手段。设计师应通过景观设计，展示村民的生产生活方式和风俗习惯，让游客感受到乡村传统生活的魅力。例如，可以在景观设计中保留传统的农田、水井、庭院等，展示传统的农业生产和生活场景。

在农田景观中，可以设计观光田园，展示传统的耕作方式和农作物种植；在水井景观中，可以保留和修复传统水井，展示传统的取水方式和用水习惯；在庭院景观中，可以设计传统的菜园、花园等，展示村民的日常生活和劳动场景。这些设计能够让游客感受到传统生活的气息，增强对传统文化的认同感和自豪感。

五、尊重民意

在乡村景观设计中应尊重当地村民在生产生活、土地使用等方面的主体地位，以人为本，使建设项目与村民利益结合，充分调动村民的积极性，建立和谐优美的乡村景观。尊重民意不仅是社会公平的体现，也是实现乡村景观设计可持续发展的重要途径。

（一）听取村民意见

1. 多样化的意见收集方式

尊重民意的第一步是充分听取村民的意见和建议。在乡村景观设计过程中，设计师应通过多种形式广泛收集村民的意见和建议，确保设计方案符合村民的实际需求和生活习惯。座谈会是最直接的形式之一，设计师可以与村民面对面交流，了解他们的需求和期望，及时解答他们的疑问和顾虑。问卷调查是另一种更为广泛和系统的意见收集方式，可以通过设计详细的问题，了解村民对景观设计的具体意见和建议，收集到的数据可以为设计方案的调整和优化提供合理依据。

2.深入了解村民需求

通过与村民的交流，设计师可以了解他们对景观的需求和期望，以及对现有环境的不满和改进建议。例如，村民可能希望增加更多的公共活动空间，如广场、公园等，供他们进行休闲娱乐和社交活动。他们也可能希望改善乡村的基础设施，如道路、水电设施等，以提高生活质量。此外，设计师还应了解村民的生活习惯和文化传统，确保设计方案能够尊重和体现这些特点。例如，在设计过程中，应考虑村民的宗教信仰、乡村的节庆活动、传统建筑风格等，确保设计方案既符合现代美学要求，又能体现地方特色和文化内涵。

3.建立沟通反馈机制

为了更好地听取村民意见，设计师还应建立有效的沟通反馈机制。例如，可以设立专门的意见箱或热线电话，方便村民随时提出意见和建议；可以通过建立微信群、微信公众号等方式，及时发布设计进展信息，收集村民的反馈意见。通过这些措施，设计师可以及时了解村民的需求和建议，调整和优化设计方案，提高设计的科学性和实用性。

（二）参与式设计

1.提高村民参与度

参与式设计是尊重民意的重要途径之一。在乡村景观设计中，可以通过鼓励村民参与设计过程，提高他们对项目的认同感和参与度。例如，可以组织村民参与设计讨论会，让他们在设计初期就参与到项目中，提出自己的想法和建议。在设计方案的评审和修改过程中，也应邀请村民代表参与，共同讨论和评估设计方案的可行性和实用性。通过这种方式，可以确保设计方案不仅符合村民的需求和期望，还能提高项目的可操作性和实用性。

2.村民参与景观建设与维护

除了参与设计过程，村民还可以参与到景观的建设和维护工作中。例如，在景观建设过程中，可以组织村民参与到具体的施工工作中，提高他们对项目的参与度和认同感。在景观建成后，还可以组织村民参与到景观的日常维护工作中，如绿化养护、清洁卫生等，增强他们的主人翁意识，促进乡村景观的可持续发展。

3. 提高村民的专业知识和技能

为了更好地实现参与式设计，还应注重提高村民的专业知识和技能。例如，可以通过组织培训班、现场观摩等形式，向村民传授景观设计和建设的基本知识和技能，提高他们的参与能力和水平。通过这些措施，可以增强村民的专业素养和实践能力，提高他们在景观设计和建设中的作用和贡献。

（三）符合村民利益

1. 保护村民的生产用地和生活空间

乡村景观设计应充分考虑村民的生产生活需要，确保设计方案符合村民的利益。在景观设计中，应注重保护村民的生产用地和生活空间，避免因景观建设而影响村民的生产生活。例如，可以通过科学的土地利用规划，将农业用地与景观绿地有机结合，形成既有生产功能又有景观效果的农业景观。在居民区周边，可以设计生态防护林、绿化带等，改善居住环境，提高村民的生活质量。

2. 提高村民的生活质量和经济收入

乡村景观设计不仅要美化环境，还应注重提高村民的生活质量和经济收入。例如，通过发展生态旅游、休闲农业等新兴产业，增加村民的收入来源，提高他们的生活水平。在景观设计中，可以通过设计观光农田、采摘园、农家乐等，让游客体验农业生产、采摘农产品、品尝农家菜等活动，增加农民的收入来源。

3. 增强村民的社区凝聚力

通过合理的规划和设计，可以提高村民的社区凝聚力。例如，在景观设计中，可以设置社区活动场所，如广场、公园等，提供聚会和休闲娱乐的场地；在公共空间的设计中，可以设置健身步道、太极广场等，提供适宜的健身和社交场所。通过这些措施，可以提升村民的生活质量和幸福感，增强村民的社区凝聚力。

第三节　乡村景观设计的常用方法

一、空间布局

（一）生产区域

生产区域通常是乡村中面积最大的区域，是乡村经济发展的保障。在设计生产区域时，应充分考虑农业生产的实际需求，合理规划农田、果园、茶园等生产用地，确保农业生产的可持续性和高效性。

1. 农田规划

农田是乡村生产区域的核心。在农田规划中，应根据地形、土壤、水源等自然条件进行科学的田块划分和灌溉系统设计。例如，可以通过建设高标准农田，提升土地利用效率和农业生产效益。高标准农田不仅包括合理的田块划分，还涉及田间道路、灌溉排水系统、土壤改良等方面的综合建设，高标准农田能够提高农业生产的现代化水平。

结合现代农业技术，如精准农业、智能灌溉等，可以进一步提高农业生产的效率和生态效益。精准农业通过卫星定位和传感技术，实现对农田的精细管理，如精确施肥、灌溉、病虫害防治等，从而减少资源浪费，提升生产效益。智能灌溉系统可以根据土壤湿度、气象条件等数据，自动调节灌溉量和灌溉时间，提高水资源的利用效率，从而更好地保护生态环境。

2. 果园与茶园规划

果园和茶园是乡村生产区域的重要组成部分。在设计中，应根据地形和气候条件，合理布局果树和茶树种植区域。例如，在平地上种植果树，形成整齐美观的果园景观；在坡地上种植茶树，利用地形优势，形成层次丰富的茶园景观。果园和茶园的布局应结合地形地貌进行梯田化处理，以防止水土流失，增加土壤的蓄水能力。

结合观光农业，还可以设计采摘园、休闲茶园等，增加农业景观的观赏性和经济效益。例如，在采摘园可以设置游客采摘区，提供苹果、梨、葡萄等水果的采摘体验，吸引游客前来观光和消费；在休闲茶园可以设置茶艺展示区、品茶区等，为游客提供体验茶文化的机会，提升农业旅游的吸引力。

3. 生态农业技术

在生产区域的设计中，应注重生态农业技术的应用。例如，可以通过种植绿色作物、发展有机农业等，减少农药和化肥的使用，保护生态环境。有机农业强调使用有机肥料、采取生态防治病虫害等措施，减少对环境的污染，促进农业生产的可持续发展。

通过建设生态防护林、湿地等，可以增强农业生产的生态效益。生态防护林可以起到防风固沙、保持水土、调节气候的作用，保护农田的生态环境；湿地可以通过植物的过滤和吸收，改善水质，提供良好的生态环境。生态农业技术不仅有助于提高农业生产的可持续性，还可以提升农业景观的生态和美学价值。

（二）居住区域

乡村的村民居住点一般以院落形式为主，除了对村屋的外立面进行改造以外，屋前和屋后的改造也是提升景观效果的一个重要方面。居住区域的设计应注重舒适性和宜居性，通过绿化、美化和整治环境，提高村民居住环境的质量。

1. 院落设计

院落是乡村居住区的基本单元。在院落设计中，可以通过绿化、美化环境和设施配置，提升居住环境的质量。院落的设计应考虑居民的生活习惯和需求，注重实用性和美观性。通过合理规划和布局，可以创造出舒适、宜人的居住环境。

（1）绿化与美化

在院落中种植花卉、果树等植物，增加绿化覆盖率，可以形成良好的生态环境。例如，可以种植玫瑰、杜鹃等观赏花卉，增加色彩和美感；种植桃树、梨树等果树，春季开花，秋季结果，不仅美化环境，还能提供新鲜的水果。多样化的植物种植，可以形成季节变化明显、色彩丰富的景观效果，提升居住环境的品质。例如，春季有桃树、梨树等开花植物，夏季有荷花、夏菊等观赏植物，秋季有银杏等叶色变化明显的植物。院落中的绿化不仅可以美化环境，还可以调节小气候，提升居住舒适度。

（2）休息区与活动区

设置休息区和活动区，为村民提供舒适的休闲空间。休息区可以设置在院落的一角，摆放座椅、凉亭等设施，供村民休息和交流；活动区可以设置在宽敞的地方，铺设地砖，为村民提供进行户外活动和娱乐的场所。通过合理的设施配置，可以提升居住环境的实用性和舒适性。

（3）建筑布局

通过合理的建筑布局，形成通风良好、采光充足的居住环境。例如，可以将建筑物的主要房间布置在朝阳的一侧，确保充足的自然光照，在建筑物之间留出足够的空地，形成良好的通风环境。通过科学的建筑布局，可以提高居住环境的健康性和舒适度。

2. 建筑外立面改造

在居住区的设计中，应注重建筑外立面的改造，通过增加具有地方特色和乡村文化的装饰元素，提升建筑的美观性和文化价值。建筑外立面的改造应遵循"轻改造"的原则，即在保持建筑主体结构不变的前提下，通过局部装饰和细节处理，提升建筑的整体美观性。

（1）材料与工艺

在建筑外立面改造中，应选择当地传统建筑材料，如木材、石材、砖瓦等。例如，可以使用木材制作窗框、门扇等，使用石材装饰墙面和地面，以保留建筑的历史风貌和文化特色。木材和石材不仅具有良好的耐久性和美观性，还能展示当地的建筑工艺和文化特色。例如，可以在建筑外立面上使用本地特有的木材，制作出精美的窗框和门扇，再通过传统的木雕工艺，刻画出富有地方特色的图案和装饰。石材则可以用于墙面的装饰，通过精细的石雕工艺，展示传统的建筑风格和工艺技巧。

（2）装饰与细节

建筑外立面的装饰和细节应注重传统文化和地域特色。例如，可以在外墙上增加传统的雕刻和绘画，设置具有地方特色的窗户和门饰，提升建筑的美观性和文化价值。雕刻和绘画作为传统的装饰手法，可以通过精细的工艺，展示出建筑的文化内涵和艺术价值。例如，可以在建筑的外墙上雕刻一些具有地方特色的图案，如花卉、动物、人物等，展示乡村的传统文化和历史传承。窗户和门饰则可以选择用传统的木雕工艺，制作出富有地方特色的窗框和门扇，通过精细的雕刻和装饰，提升建筑的美观性和文化价值。

（3）整体协调

建筑外立面的改造应注重与周围环境和整体景观的协调。例如，可以通过合理的色彩搭配和装饰设计，使建筑与周围的景观和谐统一，提升景观整体的美观性和文化氛围。色彩搭配和装饰设计应结合当地的自然环境和文化特色，通过合理的设计，增强建筑的视觉效果和文化内涵。例如，可以选择与周围环境相协调的色彩，如自然的木色、石色等，通过合理的色彩搭配，增强建筑的自然美感。装饰设计则可以结合当地的文化元素和传统工艺，通过精细的雕刻和绘画，展示建筑的文化内涵和艺术价值。

3. 环境整治

在居住区的环境整治中，应注重道路、排水、垃圾处理等基础设施的建设和改造，提高居住环境的卫生和安全水平。通过科学的规划和合理的设计，可以有效改善乡村的环境卫生状况，提升居民的生活质量。

（1）道路绿化

可以通过种植乡土树种和多年生草本植物，形成自然的绿化带，增加绿化覆盖率；通过设置花坛、绿篱等，提升道路两旁的美观性。道路绿化不仅可以美化环境，还可以改善空气质量，增加道路的景观效果。例如，可以在乡村的主要道路两旁种植高大的乡土树种，如槐树、柳树等，形成整齐的行道树；在次要道路两旁种植中等高度的灌木，如杜鹃、海棠等，增加道路的层次感和美观性；在道路的边坡和空地种植多年生草本植物，如金鸡菊、宿根福禄考等，增加绿化覆盖率和景观层次。通过合理的植物配置，可以形成自然美丽的道路绿化景观。

（2）排水系统

排水系统的设计应考虑雨水的有效排放和利用，例如，可以建设雨水花园、渗透池等，减少地表径流，提升水资源的利用效率。雨水花园是一种低影响开发的雨水管理设施，通过植物和土壤的过滤和吸收，可以有效减少地表径流和水体污染。例如，可以在乡村的低洼地带建设雨水花园，通过种植耐水湿的植物，如芦苇、荷花等，增加雨水的渗透和净化；在乡村的道路两旁建设渗透池，通过透水材料和植物的作用，减少地表径流和水体污染。通过科学的排水系统设计，可以有效提升乡村的水资源利用效率和环境质量。

（3）垃圾处理

垃圾处理设施的设置应考虑村民的实际需求和便利性，例如，可以设置垃圾分类桶、垃圾收集站等，提升垃圾处理的效率和村民的环保意识。垃圾分类是一种有效的环保措施，通过分类回收和处理，可以减少垃圾的产生和环境污染。例如，可以在乡村的公共区域和居民区设置垃圾分类桶，方便村民进行垃圾分类和投放。在乡村的主要道路和广场设置垃圾收集站，集中收集和处理垃圾，减少环境污染和卫生问题。通过合理的垃圾处理设施设置，可以提升村民的环保意识和生活质量，改善乡村的环境卫生状况。

（三）集会区域

集会区域是村民日常生活的重要场所，应注重空间的功能性和美观性，通过合理的设施配置和景观设计，增强集会区域的吸引力和使用率。

1. 活动广场

活动广场是村民集会、休闲娱乐的重要场所。在设计中，应注重广场的空间布局和设施配置。例如，可以设置座椅、凉亭、健身器材等，提供休息和活动的空间；通过铺设地面、绿化带等，提升广场的美观性和舒适性。

广场的空间布局应考虑村民的活动需求和行为习惯，例如，可以在广场中央设置开阔的活动空间，用于举办集会、文艺演出等活动；在广场周边设置座椅、凉亭等休息设施，提供休憩的场所；在广场角落设置健身器材、儿童游乐设施等，满足不同人群的活动需求。通过合理的设施配置，可以提升广场的功能性和吸引力。

2. 大戏台

大戏台是乡村文化活动的重要场所。在设计中，可以通过合理的布局和设施配置，为村民提供表演、观看戏剧等活动的场地。例如，可以设置观众席、后台等，提升大戏台的功能性和使用率。通过景观设计，增加戏台周边的绿化,提升戏台的文化氛围。

大戏台的设计还应考虑传统戏剧表演的需求,例如,可以设置宽敞的舞台、遮阳棚等,提供良好的表演和观赏环境;在后台设置化妆间、更衣室等,方便演员进行准备工作;在观众区设置座椅、遮阳伞等,提供舒适的观赏环境。

3. 文化场所

在集会区域的设计中,还可以设置文化场所,如文化中心、图书馆等,为村民提供学习、交流的机会。例如,可以设置阅读区、活动室等,提供丰富的文化娱乐活动空间。通过景观设计,增加文化场所的绿化,提升其吸引力和使用率。

文化场所的设计还应考虑村民的文化需求和兴趣爱好,例如,可以在文化中心设置图书阅览室、书法绘画室、手工艺制作室等,提供多样化的文化活动;在图书馆设置阅读区、上网区等,提供舒适的阅读和学习环境。通过合理的空间布局和景观设计,可以提升文化场所的功能性和美观性,提高村民的文化生活质量。

(四)交通区域

交通区域的设计应注重安全性和便捷性,通过道路绿化和景观美化,提升交通环境的整体品质。

1. 道路设计

在道路设计中,应注重行车和行人的安全,通过科学的道路规划和设施配置,提升交通环境的安全性和便捷性。道路设计需要根据乡村的实际情况进行,确保每一条道路都能满足当地居民的需求,同时提升整体交通效率和安全性。

(1)行车和行人安全

为确保行车和行人的安全,道路设计应包括设置人行道、隔离带等设施。例如,乡村主干道可以设计成宽阔的双车道,并在道路两侧设置人行道和非机动车道,确保行车和行人的安全。人行道可以采用透水性材料铺设,既美观又环保,同时增强行人的安全感和行走的舒适度。

(2)道路布局与规划

通过合理的道路布局,可以减少交通拥堵和事故的发生。例如,乡村的主干道路可以设计为宽敞的双车道,确保车辆的畅通行驶;次干道路可以设计为单车道,并设置临时停车区和避让区,方便村民的日常出行和停车需求。次干道路的设计还应考虑到应急车辆的通行,确保在紧急情况下车辆能够快速通过。

(3)特殊设计元素

在一些特定区域,如学校、集市等人流密集区域,道路设计应增加特殊的安全设施。例如,在学校附近设置减速带、交通标志和警示灯,以提醒驾驶员减速慢行,保护学生的安全。在集市周边设置限速标志和隔离带,避免车辆与行人混行,减少交通事故发生的风险。

2. 道路绿化

在道路两旁进行绿化设计,可以提升交通环境的美观性和舒适性。道路绿化不仅能美化环境,还能有效减少灰尘和噪声,改善空气质量。

(1)绿化带设计

通过种植乡土树种和多年生草本植物,可以形成自然的绿化带。例如,在道路两旁种植适应当地气候的树种,如槐树、柳树等,形成整齐的行道树。这些树种具有较强的适应性和抗病虫害能力,维护成本低,适合乡村道路绿化。

(2)植物配置

通过合理的植物配置,可以形成富有季节变化和色彩丰富的道路景观。例如,在绿化带中种植不同花期和颜色的花卉,如郁金香、薰衣草等,形成色彩斑斓的景观效果。郁金香在春季绽放,薰衣草在夏季盛开,能够形成不同的美丽景观,给人以视觉享受。

(3)设置花坛与绿篱

通过设置花坛、绿篱等,可以增加道路的层次感和美观性。花坛的设计应根据道路的宽度和形态,选择合适的花卉和植物进行搭配。绿篱可以采用常绿灌木,如黄杨、女贞等,既能起到美化作用,又能在一定程度上隔离行车道与人行道,提升道路安全性。

3. 景观美化

在交通区域的设计中,还可以通过景观美化,提升道路环境的整体品质。景观美化不仅能提升道路的景观视觉效果,还能增加道路的文化内涵和美学价值。

（1）道路标识与景观小品

可以通过设置道路标识、景观小品等，增加道路的文化内涵和美学价值。在道路交叉口设置具有地方特色的标识牌，增加道路的辨识度和文化内涵。标识牌可以采用当地特有的建筑风格和材料，如石雕、木刻等，展示乡村的历史和文化。

（2）重要节点的设计

在重要节点设置景观小品，如雕塑、喷泉等，可以提升道路的美学价值。可以采用当地艺术家的雕塑作品，展示乡村的文化和历史；可以在道路广场或休息区设置喷泉，美化环境。

（3）绿化带与景观墙

通过设置绿化带和景观墙，可以形成连续的景观效果，增强道路的层次感和视觉吸引力。例如，可以在道路两旁设置高低错落的绿化带，形成层次丰富的绿化景观；在重要节点设置景观墙，通过植被、石材和水景的组合，形成独特的景观效果。

二、空间营造

（一）"点"型空间

"点"型空间是指景观中的小尺度、局部空间，如庭院、水井等。在"点"型空间的营造中，应注重细节，通过丰富的景观元素和自然材料，提升空间的趣味性和美感。

1. 庭院景观

庭院是乡村居民日常生活的重要场所，通过精心设计和绿化，可以大幅提升庭院的美观性和实用性。在庭院内种植生产性的果树，突出四季特色。例如，可以种植苹果树、梨树等，春季开花，秋季结果，形成色彩丰富、富有季节变化的庭院景观。春天，庭院中苹果树、梨树等果树开满了花，散发出阵阵花香，吸引了蜜蜂和蝴蝶，形成一幅生机勃勃的画面；秋天，果实累累，村民可以在庭院中采摘新鲜的水果，享受丰收的喜悦。此外，在庭院中栽培蔬菜，如藤蔓类蔬菜丝瓜、黄瓜等，形成生动有趣的庭院景观。藤蔓类蔬菜的种植不仅可以增加庭院的绿化面积，还可以通过攀爬架、花架等结构，形成立体的绿化效果。例如，村民可以在庭院的墙角搭建简易的花架，种植丝瓜、黄瓜等藤蔓植物，让它们沿着花架攀爬，形成绿色的墙面，不仅美观，还可以在夏季提供阴凉。

2. 设施景观

在庭院内合理布置设施景观，如传统水井和传统农具石碾、石磨、筒车、辘轳、耕具等，展示庭院的历史和文化内涵。例如，可以通过修复和保留传统水井，展示传统的取水方式和用水习惯。传统水井作为乡村文化的重要元素，不仅是村民日常生活的重要设施，也是乡村文化传承的象征。通过修复和保留传统水井，可以让现代人了解过去的生活方式，感受乡村的历史文化。此外，通过布置传统农具，如石碾、石磨、筒车、辘轳等，可以展示传统的农业生产方式和劳动工具。这些传统农具不仅是农业生产的工具，也是乡村文化的重要组成部分。例如，在庭院中设置一个石碾和石磨，可以让游客体验传统的碾米、磨面过程，可以增强其对传统农业文化的理解和认同。

（二）"线"型空间

"线"型空间是指景观中如道路、街道等的线性空间。在"线"型空间的营造中，应注重连续性和层次感，通过搭配植物、布置景观小品，形成丰富的景观视觉效果。

1. 道路景观

通过道路两旁的防护篱、植物及其高矮搭配、树姿、色彩的变化，达到不同的景观视觉效果。例如，可以在街道两侧种植不同高度和形态的植物，形成层次分明的绿化带。通过植物的色彩搭配，形成色彩丰富、视觉效果突出的道路景观。不同的植物组合可以创造出多样的景观效果。例如，高大的乔木如柳树、槐树等可以作为主景树，形成整齐的行道树；中层的灌木如玫瑰、海棠等可以增加层次感；低层的花卉如郁金香、马鞭草等可以增加景观的色彩和趣味性。

通过合理的植物配置，可以形成四季变换的道路景观。例如，春天有开花的乔木和灌木，夏天有常绿的植物，秋天有叶色变化的植物，冬天有具有观赏价值的树种和灌木。通过不同季节的植物组合，可以让道路景观在一年四季都保持美观和生机。

2. 街道绿化

在街道两侧过渡地带种植花卉或者果树，春天开花，秋天结果，可以使乡村的街道景观更加具有田园风光。例如，可以在街道两侧种植樱花树、苹果树等，形成春季开花、秋季结果的街道景观。樱花树在春天开满粉红色的花朵，吸引大量游客前来观赏；苹果树在秋天挂满红彤彤的果实，村民和游客可以在街道上体验采摘的乐趣。

在绿化带中种植蔬菜，如辣椒、茄子等，可以增加街道的趣味性和观赏性，美化环境。例如，在街道两侧的绿化带中种植蔬菜，村民可以在成熟季节采摘或出售以增加收入。同时，这种街道绿化方式也可以让游客体验乡村田园生活，增加景观的趣味性和互动性。

（三）"面"型空间

"面"型空间是指景观中的大尺度、整体空间，如农田、果园等。在"面"型空间的营造中，应注重整体性和协调性，通过不同景观元素的有机结合，形成和谐、美丽的景观效果。

1. 农田景观

农田是乡村景观中的重要组成部分，通过协调蔬菜、高粱、水稻、小麦、油菜等不同农作物的色彩变化和空间搭配，可以形成具有农业生产功能和观赏价值的景观。例如，在春天油菜花盛开时，金黄色的油菜花海形成了一幅美丽的田园画卷；夏天稻田绿意盎然，勃勃生机；秋天高粱和小麦丰收时，金黄色的农作物展现出丰收的场景。

通过科学的种植和管理，可以提升农田的生态效益和景观价值。例如，可以采用轮作套种的方式，合理安排不同作物的种植，既可以提高土地利用率，又可以增加景观的多样性。例如，春季有油菜花，夏季有水稻，秋季有高粱和小麦，通过不同作物的轮作，实现景观的季节变化和丰富色彩。

2. 果园景观

果园是乡村景观中的重要景观类型，通过合理规划和设计，可以形成四季变化、色彩丰富的果园景观。例如，在春季，果树开花，形成花海景观；在夏季，果实成熟，形成绿树红果的景观；在秋季，果树叶子变黄，形成金秋景象。

通过设置观光步道、休息区等，还可以增加果园的观赏性，提升游客的参与度及果园的经济效益和景观价值。例如，可以在果园中设计蜿蜒的观光步道，让游客沿着步道漫步，欣赏果园的美丽景色；在果园中设置休息区和观景台，游客可以在休息区品尝水果，享受自然美景；设计采摘区，游客可以体验采摘的乐趣，增加景观的互动性和趣味性。

3.苗圃与花卉景观

通过种植不同种类和颜色的花卉，可以形成绚丽多姿的景观效果。例如，种植向日葵、玫瑰、薰衣草等不同种类的花卉，形成花海景观；设置观景平台、拍照点等，提供观赏和拍照的场所，增加对游客的吸引力。

苗圃的设计应考虑花卉的生长周期和花期，通过合理搭配，形成四季花开的景观效果。例如，春季有樱花、郁金香等，夏季有玫瑰、薰衣草等，秋季有向日葵、菊花等，冬季有常绿植物和冬季花卉，通过不同季节的花卉搭配，实现四季有花、色彩斑斓的景观效果。

三、形态组织

（一）静态空间

静态空间形态是指在相对固定的空间范围内，人在视点固定时观赏景物的审美感受。静态空间的组织应注重空间的层次感和景物的多样性，通过不同景观元素的组合，创造丰富的视觉体验。

1.天空和大地的背景

以天空和大地作为背景，可以创造出一种开阔的、心旷神怡的旷达美感。这样的设计在广阔的田野中尤为适用。通过设置观景平台，可以让游客在蓝天白云下远眺田园景象，感受大自然的宽广与美丽。观景平台的设计应充分考虑地形地貌，选择视野开阔、景色优美的地点建设。例如，在田野的高处设置观景平台，可以让游客站在平台上俯瞰广袤的田园，蓝天白云和茵茵绿原的景象尽收眼底。

在观景平台的周围，设置适当的休息设施是提升游客体验的重要措施。长椅和遮阳棚可以为游客提供舒适的休憩空间，其设计应与周围的自然环境相协调。选择木材、石材等自然材料，可以增强景观的自然美感和生态和谐感。此外，还可以在观景平台周边设置标识牌，介绍田园景象的特色和历史文化背景，这样不仅可以增强游客对乡村的了解和体验，还可以增加景区的文化内涵。

2.树林和农田的空间

茂密的树林和广袤的农田构成了荫浓景深的美丽空间。通过设计林间小道和农田观景台，可以让游客在树荫下漫步，欣赏农田的景象，享受宁静和谐的自然环境。林间小道的设计应注重路径的曲折和变化，通过设置弯曲的小径、石阶等元素，增加景观的趣味性和层次感。这样不仅可以提高游客的游览兴趣，还可以在一定程度上保护自然环境。

农田观景台的设计应结合农田的布局和特点，选择适当的位置进行建设。例如，可以在农田的边缘设置观景台，让游客俯瞰整个农田的景象，感受田园风光的美丽和宁静。观景台的设计应简洁大方，材料的选择应以自然材料为主，如木材和石材，这样可以更好地使其融入自然环境，增强景观的整体美感。

通过合理的植物配置和景观设计，可以显著增强树林和农田空间的层次感和视觉效果。在树林中，可以种植不同高度和形态的植物，形成层次分明的绿化景观；在农田中，可以种植不同种类的作物，形成色彩丰富的田园景观。植物的高低变化和色彩纷呈，不仅可以增加景观的趣味性和多样性，还可以提升生态环境的稳定性和可持续性。

3.山水环绕的空间

山水环绕的空间给人以清凉、幽静的感受。通过设计水系景观，如小溪、池塘和瀑布，可以营造出水流潺潺、凉爽宜人的景观效果。水系景观的设计应结合地形地貌，通过模拟自然的水流形态，增加景观的自然美感。例如，在乡村的低洼处建设池塘，可以利用地形优势形成自然的水体；在高处建设小溪和瀑布，可以利用水流的落差形成动感的景观效果。合理的水系设计不仅可以增加景观的美学价值，还可以提升生态效应。

观景亭和休息区的设计应注重功能性和美观性，通过选择自然材料和色彩，使其与周围环境相协调。可以在池塘边设置观景亭，让游客在亭中休息、观赏水景；在小溪边设置长椅和遮阳棚，提供舒适的休息场所。通过合理的设施配置，可以增强景观的实用性和吸引力，提升游客的整体体验。

（二）动态空间

在体验过程中，通过视点移动进行观景的空间称为动态空间。动态空间的组织应注重空间的连续性和节奏感，通过不同景观元素的布局和过渡，形成连贯的视觉和体验过程。

1. 视点的移动

在动态空间的设计中，视点的移动是创造多样化景观效果的关键。通过设计观景步道、观光车道等，可以引导游客在不同的视点欣赏景观，获得不同的视觉体验。观景步道的设计应注重路径的曲折和变化，利用自然地形和景观元素，形成丰富的空间层次感。例如，在花卉区和苗木圃中，可以设置蜿蜒的观景步道，使游客在步道上漫步时，能够近距离观赏到各种花卉和苗木。步道的设计应结合地形特点，通过设置弯曲的小径、石阶等，增加景观的趣味性和层次感，使游客在步道上行走时能够不断发现新的景观亮点。

观光车道的设置可以增加景观的互动性和趣味性，特别适用于面积较大的果园和蔬菜瓜果园。游客可以乘坐观光车，在不同的视点观赏景观，增加游览的便捷性和舒适度。例如，在果园中设置观光车道，可以让游客在车道上观赏到不同品种的果树景观，感受丰收的喜悦。在蔬菜瓜果园中，观光车道可以穿梭于不同种类的作物之间，让游客感受到农业生产的多样性。

2. 景观节点的设置

景观节点是动态空间设计中的重要组成部分，它为游客提供了停留和观赏的场所，增强了景观的体验感和吸引力。景观节点的设计应结合景观的特点和游客的需求，选择适当的位置进行建设。例如，在花卉区和苗木圃中，可以设置观景平台，让游客在平台上欣赏整个花卉区和苗木圃的美丽景象。观景平台的设计应注重结构的稳定性和美观性，材料的选择应以自然材料为主，如木材、石材等，以增强景观的自然美感。

在果园和蔬菜瓜果园中可以设置休息区，为游客提供品尝水果和蔬菜的场所。休息区的设计应注重功能性和舒适性，配备长椅、桌子和遮阳设施，让游客在休息的同时能够享受自然美景。通过合理的设施配置，可以增强景观节点的实用性和吸引力，提高游客的满意度。

3.空间的节奏感

在动态空间的设计中，空间的节奏感是提升景观体验的重要因素。通过不同景观元素的布局和过渡，可以形成连贯的视觉和体验过程。植物的高低变化和色彩纷呈可以增加景观的层次感和视觉效果。例如，在花卉区和苗木圃中，可以种植不同高度和颜色的植物，形成层次分明、色彩丰富的景观效果。通过合理的植物配置，可以增加景观的趣味性和多样性，提升整体的景观品质。

在果园和蔬菜瓜果园中，可以通过种植不同种类和颜色的作物，形成季节变化、色彩丰富的景观效果。例如，春季有樱桃树，夏季有桃树，秋季有苹果树，不同季节的果树可以形成丰富的色彩变化和视觉效果。合理的种植规划，可以增强景观空间的节奏感和层次感，使游客在不同季节拥有不同的景观体验。

景观小品的设置也是增加空间节奏感的重要手段。雕塑、喷泉等景观小品不仅增加了景观的艺术性和趣味性，还可以形成视觉焦点和观赏亮点。例如，在观光步道和观光车道沿线设置雕塑和喷泉，可以增加景观的艺术氛围和动感效果。在观景平台和休息区设置雕塑和花坛，可以增加景观的美观性和吸引力。通过合理设置景观小品，可以增加景观的层次感和艺术性，提升整体的景观品质。

四、景观细部

（一）村标设计

村标是乡村的标志性元素，一般位于乡村主入口，如果有需要也可以在村尾设置村标进行前后呼应。村标的形式主要有牌坊、精神堡垒、大型标示牌、立柱等。村标必须与当地的特色和文化相结合，才能有效传达乡村的文化内涵和地域特色。

1.形式与材料

在村标的设计中，应选择符合当地特色和文化的形式和材料。例如，可以采用牌坊、石雕、木刻等传统形式，使用石材、木材、砖瓦等当地建筑材料，增强乡村的地域性和文化内涵。牌坊是一种具有中国传统文化特色的建筑形式，常用于标示重要的入口或纪念重要的人物和事件。石雕和木刻可以通过精细的工艺展示出当地的传统艺术和手工技艺。例如，在一个石材资源丰富的乡村，可以使用当地的石材制作村标，通过精细的石雕工艺，刻画出乡村的名称和象征性的图案。这样的设计不仅展示了当地的石雕技艺，还增强了村标的耐久性和美观性。在木材资源丰富的乡村，若要采用木刻形式则可以选择本地的优质木材，通过传统的雕刻工艺，制作出具有浓郁地方特色的村标，展示乡村的历史和文化。

2.色彩与装饰

村标的色彩和装饰应与周围环境和文化相协调。例如，可以采用传统的色彩和图案，如红色、金色等，使用雕刻、绘画等装饰手法，提升村标的美观性和文化价值。红色和金色在中国传统文化中具有吉祥和喜庆的寓意，可以用来装饰村标，增强视觉吸引力和文化内涵。

在村标的装饰方面，可以结合当地的传统图案和文化元素。例如，在村标的设计中加入当地特有的花卉、动物图案，或者重要的历史事件和人物形象，通过雕刻和绘画的手法，将这些元素融入村标中，展示乡村的文化特色。

3.位置与布局

村标的位置和布局应注重与乡村整体景观的协调。例如，可以在乡村入口处设置大型村标，起到标识和引导的作用；在乡村内部的主要道路和广场设置小型村标，形成前后呼应的布局，增强村标的辨识度和文化氛围。大型村标作为乡村的门户，可以设计得更加醒目和宏伟，以提升整体的景观效果。例如，可以在乡村入口处设置一座大型牌坊，牌坊上刻有乡村的名称和象征性的图案，两旁设置花坛和绿化带，形成一个美丽的入口景观。乡村内部的主要道路和广场可以设置一些小型的村标，如石刻立柱、木雕牌子等，以形成前后呼应的效果，增强村标的辨识度和文化氛围。

（二）建筑外立面改造

建筑外立面改造基于建筑原有结构，增添极具地域特色和乡村文化的装饰元素，从材料和元素着手，本着尊重场地文化的原则进行建筑外立面的"轻改造"。

1.材料与工艺

在建筑外立面改造中，可选择当地传统建筑材料，如木材、石材、砖瓦等。例如，可以使用木材制作窗框、门扇等，使用石材装饰墙面和地面，保留建筑的历史风貌和文化特色。木材和石材作为传统的建筑材料，不仅具有良好的耐久性和美观性，还能展示当地的建筑工艺和文化特色。

2. 装饰与细节

建筑外立面的装饰和细节应注重传统文化和地域特色。例如，可以在外墙上增加传统的雕刻和绘画，设置具有地方特色的窗户和门饰，提升建筑的美观性和文化价值。可以在建筑的外墙上雕刻一些具有地方特色的图案，如花卉、动物、人物等，展示乡村的传统文化。可以选择传统的木雕工艺制作出富有地方特色的窗框和门扇，通过精细的雕刻和装饰，提升建筑的美观性和文化价值。

3. 整体协调

建筑外立面的改造应注重与周围环境和整体景观的协调。例如，可以通过合理的色彩搭配和装饰设计，使建筑与周围的景观和谐统一，提升整体的美观性和文化氛围。色彩搭配和装饰设计应结合当地的自然环境和文化特色，增强建筑的视觉效果和文化内涵。例如，可以选择与周围环境相协调的色彩，如自然的木色、石色等，通过合理的色彩搭配，增强建筑的自然美感。装饰设计可以结合当地的文化元素和传统工艺，通过精细的雕刻和绘画，展示建筑的文化内涵和艺术价值，使建筑与周围的景观和谐统一，提升整体的美观性和文化氛围。

（三）文化节点打造

文化节点是指村民活动广场等一系列公共场所的景观打造，除了要突显当地特色，还要兼备宣传教育、普及当地文化和倡导文化传承的功能。

1. 文化广场

在文化广场的设计中，可以通过设置传统戏台、文化雕塑等，展示当地的历史文化和风土人情。例如，可以在广场上设置传统戏台，举办戏剧表演和文化活动，在广场周边设置文化雕塑，展示当地的历史文化和民俗风情，提升广场的文化氛围。

2. 宣传教育设施

在文化节点的设计中，可以设置宣传栏、文化展示牌等，向村民和游客宣传当地的历史文化和传统。例如，可以在广场周边设置宣传栏，展示当地的历史文化和风土人情；在文化中心设置文化展示牌，介绍当地的传统工艺和文化活动，增强村民的文化认同感。

宣传栏和文化展示牌的设计应注重内容的丰富性和展示形式的多样性，通过图文并茂的方式，向村民和游客传递丰富的文化信息。例如，可以在宣传栏中展示当地的历史文化、传统节日、民俗活动等内容，通过精美的图片和简洁的文字，吸引村民和游客的关注和参与；在文化展示牌中介绍当地的传统工艺和文化活动，如刺绣、剪纸、陶艺等，通过详细的文字说明和实物展示，增强村民的文化认同感。

3. 公共设施

在文化节点的设计中，还可以设置休憩设施、健身器械等，为村民提供休息和娱乐的场所。例如，可以在广场周边设置座椅、凉亭等，提供休息的空间；在广场上设置健身器械，提供锻炼和娱乐的场所。

休憩设施的设计应注重舒适性和实用性，通过合理的布局和设计，为村民提供休息和交流的空间。例如，可以在广场的阴凉处设置长椅和凉亭，提供休息和观赏绿化的场所；在广场的阳光充足处设置一些花坛和绿化带，增加环境的美观性和舒适性。健身器械的设置应结合村民的实际需求，通过合理的布局和设计，提供锻炼和娱乐的场所。例如，可以在广场的一角设置一些简单的健身器械，如单杠、双杠等，供村民进行日常锻炼和健身活动；在广场的中央设置一些互动性较强的健身器材，如脚踏车、健身椅等，增加村民的锻炼乐趣和参与度。通过合理的公共设施配置，可以提升文化节点的功能性和使用率，增强村民的参与感和幸福感。

（四）植物设计

乡村的植物设计与城市中的植物配置有很大的区别。由于乡村没有专业的人员进行植物的长期维护，因此，在设计时应选择不需要长期打理、能自由生长的乡土树种，打造乡村原有的乡野植物景观。植物设计应注重生态效益和景观效果，通过合理的搭配，形成自然美丽的乡村景观。

1. 乡土树种的选择

乡土树种具有适应性强、病虫害少、维护成本低等优点，是乡村植物设计的首选。可以选择适合当地气候和土壤条件的树种，如槐树、柿树、银杏树等，通过合理配置，形成层次丰富、四季变换的乡村绿化景观。槐树和柿树是中国北方常见的乡土树种，它们不仅生长迅速、耐旱耐寒，而且树形优美，可以为乡村景观增添浓厚的自然气息。

在设计中，可以通过不同树种的搭配，形成多层次的绿化效果。例如，可以在道路两旁种植高大的槐树，形成整齐的行道树；在庭院和公共空间种植中等高度的柿树，提供良好的遮阴效果；在空地和边坡种植低矮的灌木和草本植物，增加绿化覆盖率和景观层次。通过合理的树种选择和配置，可以形成自然美丽、层次分明的乡村绿化景观。

2. 多年生草本植物的应用

多年生草本植物具有生长周期长、花期长、维护成本低等优点，可以选择如金鸡菊、宿根福禄考、鸢尾等，增加乡村景观的色彩和美感。多年生草本植物不仅花期长、色彩丰富，而且适应性强、管理简便，是乡村植物设计的理想选择。

在设计中，可以通过不同花卉的组合，形成四季花开的景观效果。例如，可以在春季种植开花较早的宿根福禄考和鸢尾，在夏季种植花期较长的金鸡菊和薰衣草，在秋季种植花色鲜艳的菊花和大花葱。通过合理的花卉配置，形成色彩斑斓、四季变化的花卉景观，增加乡村景观的美观性和吸引力。

3. 果树和经济作物的种植

在乡村周边和公共空间种植果树和经济作物，既可以增加绿化覆盖率，又可以提高经济收益。例如，可以在村道两旁种植桃树、梨树等果树，春天开花，秋天结果，形成美丽的田园景观；在空地种植经济作物，如辣椒、番茄等，既美化环境又增加村民的收入。

在设计中，可以结合乡村的地形地貌和气候条件，选择适合的果树和经济作物进行种植。例如，可以在坡地上种植桃树和梨树，形成层次丰富的果园景观；在平地上种植辣椒和番茄，形成整齐美观的蔬菜景观。通过合理的果树和经济作物的配置，可以形成美丽的田园景观，增加村民的经济收益，同时提升乡村的生态效益和景观价值。

（五）配套设施及雕塑小品设计

配套设施包括休息廊、休息坐凳、宣传栏、灯具等，雕塑小品可以是水井、农耕用具、石碾、石磨、筒车、辘轳、耕具等，也可以是彰显当地文化特色的雕塑。配套设施和雕塑小品的设计应注重实用性和文化内涵，通过合理的设计和布置，提升景观的功能性和美观性。

1. 休息设施

在乡村景观中设置休息设施，如休息廊、休息坐凳等，为村民和游客提供了休息的空间，增强了景观的实用性。

（1）休息廊和凉亭的设计

休息廊和凉亭是乡村景观中常见的休息设施。它们通常设置在景观步道旁、广场、公园等公共空间，为村民和游客提供遮阳避雨的休憩场所。休息廊和凉亭的设计应与周围环境相协调，选择自然材料，如木材、石材等，增强景观的自然美感和文化内涵。例如，在景观步道的阴凉处设置一些木质长椅和凉亭，可以提供休息和观赏的场所。在设计过程中，应考虑设施的稳定性和耐久性，选用耐候性好的材料，以延长其使用寿命。

（2）休息坐凳的设计

休息坐凳是最基础的休息设施，通常设置在景观步道、广场、花坛周围等公共空间。坐凳的设计应注重舒适性和实用性，选用符合人体工程学的设计，提供舒适的坐姿体验。例如，可以在广场的阳光充足处设置一些花坛和绿化带，搭配木质或石质的坐凳，既增加环境的美观性，又为游客提供了休憩的场所。在设计过程中，还应考虑坐凳的维护和保养，选择易于清洁和维护的材料，确保其长时间的使用效果。

2. 宣传栏和灯具

在乡村景观中，宣传栏和灯具是提供信息展示和夜间照明的重要设施。它们不仅提高了景观的功能性和安全性，还通过丰富的内容和展示形式，增强了景观的文化内涵和观赏性。

（1）宣传栏的设计

宣传栏是展示乡村历史文化、村规民约等信息的重要设施。它们通常设置在乡村入口、广场等公共场所，通过图文并茂的方式，向村民和游客传递丰富的文化信息。例如，在乡村入口处设置一个大型的宣传栏，可以展示乡村的历史沿革、风土人情、名人逸事等内容，吸引游客的注意力。宣传栏的设计应注重内容的丰富性和展示形式的多样化，通过精美的图片和简洁的文字，增强信息的吸引力和可读性。同时，应考虑宣传栏的材料和结构，选用耐候性好的材料，以延长其使用寿命和展示效果。

（2）灯具的设计

灯具是提供夜间照明的重要设施，通常设置在步道、广场、公园等公共空间。灯具的设计应注重功能性和美观性，通过合理的布置和设计，提供安全和舒适的夜间环境。例如，在广场和公园设置一些太阳能路灯和景观灯，不仅可以提供夜间照明，还可以节约能源、保护环境。灯具的设计应与周围环境相协调，选择自然材料，如木材、石材等，增强景观的自然美感和文化内涵。同时，还应考虑灯具的光源和照明效果，选择适当的光源和照明方式，以满足不同场所的照明需求。

3. 雕塑小品

雕塑小品是乡村景观中的点睛之笔，通过合理的设计和布置，能够展示地方特色和文化内涵，增强景观的艺术性和趣味性。

（1）传统农耕用具雕塑

传统农耕用具是展示乡村农业文化的重要元素，如水井、石磨、耕具等。这些雕塑小品不仅展示了传统的农业生产方式和劳动工具，还增强了景观的文化内涵和历史感。例如，在广场的中心设置一座传统的水井雕塑，通过精细的雕刻工艺，展示乡村的传统取水方式和用水习惯。这样的设计不仅美观，还具有教育意义，让游客了解和感受传统的农业文化。

（2）具有地方特色的雕塑

具有地方特色的雕塑是展示乡村文化魅力和独特风貌的重要元素，如传统民俗、地方名人等。例如，可以在乡村入口处设置一座描绘当地民俗活动的雕塑，展示村民的传统节日和庆典活动，增强景观的文化氛围和吸引力。雕塑的设计应注重文化内涵和艺术价值的体现，通过精细的雕刻工艺和合理的布置，提升景观的功能性和美观性。

第五章　乡村景观设计中的创新理念

第一节　可持续发展理念

一、可持续发展的概念

（一）可持续发展的基本概念

可持续发展作为一个重要的全球议题，其内涵相当广泛和复杂。一般认为，可持续发展是指在保护生态环境的前提下，既能满足当前需求又不损害未来需求的发展模式。在可持续发展思想的演变过程中，有三个重要的时间点值得注意。1972年，首届人类环境会议在斯德哥尔摩召开。这次会议标志着世界各国开始重视环境问题，提出了"只有一个地球"的理念，强调人类活动必须尊重自然规律，保护地球环境。1987年，挪威前首相布伦特兰夫人主持编写的报告《我们共同的未来》首次对可持续发展的概念进行了系统阐述。这份报告明确提出了可持续发展的定义，即"既满足当代人的需求，又不损害后代人满足其需求的能力的发展方式"，并强调了经济、社会和环境三大支柱的协调发展。1992年，联合国环境与发展大会（又称里约地球峰会）在巴西里约热内卢举行。这次大会推动了《里约环境与发展宣言》和《21世纪议程》的通过，进一步确立了可持续发展的全球行动框架。我国在此之后也出台了相关的政策，提出要施行可持续发展战略，强调在发展经济的同时，必须保护环境，实现经济、社会和环境的协调发展。

（二）可持续发展的原则

可持续发展涵盖了多项基本原则，其中包括可持续性原则、公平性原则和共同性原则。这些原则相互联系，共同构成了可持续发展理念的核心。

1. 可持续性原则

（1）自然资源的有限性

自然资源是有限的，人类社会的发展必须在自然资源的承载力范围内进行。无论是矿物资源、能源资源还是生物资源，都有其自身的再生和承载能力。过度开发和利用这些资源不仅会导致资源枯竭，还会破坏生态平衡。例如，过度砍伐森林会导致土壤侵蚀、生物多样性减少以及气候变化。因此，合理利用和保护自然资源是实现可持续发展的前提。

（2）生态系统的健康与稳定

生态系统是支撑地球生命的重要基础，包括动植物、大气、土壤、水体等各个组成部分。人类活动不应损害这些自然生态系统的健康和稳定。例如，工业排放的污染物会导致空气和水体污染，过度捕捞会导致海洋生态系统的崩溃。只有在尊重自然规律、合理利用资源的前提下，才能实现生态系统的健康与稳定，从而保障人类社会的可持续生存和发展。

（3）环境容量的限制

环境容量是指环境能够承受的污染物数量和能量消耗限度。超出这一限度，环境就会失去自净能力，导致环境恶化。工业生产、城市建设和交通运输等活动都会消耗大量能源并排放污染物。如果这些活动超出了环境容量，就会导致空气污染、水体污染和土地退化等问题。因此，在进行各类开发和建设活动时，必须考虑环境容量的限制，控制污染物排放，推动清洁生产和低碳经济发展。

2. 公平性原则

公平性原则强调在资源利用和经济发展的过程中，要确保公平分配和机会平等，保障当代人与后代人的发展权利。具体包括以下三个方面：

（1）世界各国人民的平等发展权利

公平性原则首先要求所有国家和地区的人民都应享有平等的发展机会和资源使用权利。消除贫困和不平等，促进社会和谐，是实现全球可持续发展的基础。例如，发达国家和发展中国家在资源利用和环境保护方面应遵循公平原则，发达国家应在技术和资金方面支持发展中国家，帮助其实现可持续发展目标。

（2）代际公平

保障子孙后代利用自然资源的发展权是公平性原则的重要内容。当前的资源利用和环境保护措施必须考虑到未来世代的需求，确保自然资源的可持续利用。例如，过度开采矿产资源、滥用化学品等行为，会对未来世代的生活和发展带来严重影响。为了实现代际公平，必须在资源利用和环境保护方面采取可持续的措施，保障子孙后代的生活质量和发展机会。

（3）全球范围内的社会公平

公平性原则还要求实现全球范围内的社会公平。各国应按照本国法律法规进行资源开发和保护，确保在本国管辖范围内的资源开发活动不损害其他国家或本国范围外地区的利益。国际社会应通过合作和协商，建立公平合理的资源分配和环境保护机制，确保全球资源的公平利用和环境的可持续发展。

3. 共同性原则

共同性原则强调各国共同参与经济发展和环境保护，地区的决策与行动应当有助于实现全世界范围内的和谐发展。具体包括以下几个方面：

（1）全球合作与共赢

可持续发展问题是全球性的问题，必须通过跨国合作，实现共赢。在制定关于全球资源的规划时，各国必须协商，形成广泛接受的政策。例如，气候变化、海洋污染和生物多样性保护等问题，都是需要全球合作才能解决的。各国应在国际组织的框架下，通过协议和合作，推动全球环境治理和可持续发展。

（2）地区决策与全球目标的协调

地区的决策与行动应当有助于实现全世界范围内的和谐发展。在进行地方和区域发展规划时，必须考虑其对全球环境和资源的影响。例如，一个地区的发展策略可能会对全球气候产生影响，因此在制定发展策略时，必须考虑到全球气候变化的目标和要求。只有各国和地区的行动相互协调，才能实现全球范围内的可持续发展目标。

（3）人与自然的和谐共生

从宏观层面讲，可持续发展是人与自然的和谐共生。人类在追求经济发展的同时，必须考虑对自然环境的影响，推动人与自然的和谐共处。例如，在进行城市规划和建设时，必须考虑到对绿地、水体和生物多样性的保护，建设生态友好的城市环境。只有实现人与自然的和谐共赢，才能实现长期可持续发展。

（三）可持续发展的价值取向

1. 经济维度

经济发展是人类社会发展的基石。可持续发展的经济维度强调在保证自然资源质量和提供资源服务的前提下，最大程度地增加经济利益。经济维度的可持续发展涉及以下几个关键方面：

（1）资源效率与经济增长

经济的可持续发展要求在使用自然资源时提高资源效率，减少浪费，实现资源的循环利用。资源效率的提高不仅可以降低生产成本，还能减少环境污染。例如，通过推广节能技术和清洁生产工艺，可以在减少能源消耗和污染排放的同时提高生产效率和经济效益。这样的经济增长模式不仅能满足当前的需求，还能为未来的发展提供可持续的资源基础。

（2）绿色经济与低碳经济

绿色经济和低碳经济是实现经济可持续发展的重要途径。绿色经济强调在经济活动中最大限度地减少对环境的负面影响，推动清洁能源、绿色建筑、环保产业的发展。低碳经济则强调减少温室气体排放，通过发展可再生能源、提高能源利用效率等手段，推动经济的低碳转型。例如，太阳能、风能等可再生能源的广泛应用，不仅减少了人类社会对化石燃料的依赖，还降低了温室气体排放，为实现全球气候目标做出了贡献。

（3）经济福利与公平分配

可持续发展的经济维度还强调经济福利的提升和公平分配。经济增长应当惠及所有社会成员，减少贫富差距，实现共同富裕。例如，通过完善社会保障体系、推进精准扶贫和教育公平，可以提高弱势群体的生活水平，促进社会的和谐稳定。经济福利的提升不仅体现在收入增加上，还包括就业机会的创造、社会保障的完善和公共服务的提升等方面。

2. 社会维度

从社会属性定义可持续发展，需要从宏观和微观两个角度入手。从宏观角度来看，人类的生产生活要在地球承载力范围内，保持地球生命系统的丰富性。从微观角度来看，可持续发展的最终目标是全体人类的可持续发展，即每个人都能够有资源和机会提高生活质量。社会维度的可持续发展涉及以下几个关键方面：

（1）社会公平与公正

社会公平是实现可持续发展的核心目标之一。社会公平不仅包括收入分配的公平，还包括机会公平、教育公平和医疗公平等方面。例如，通过推动教育公平，确保每个孩子都能接受良好的教育，可以提高全社会的整体素质和创新能力。通过完善医疗保障体系，确保每个人都能享有基本的医疗服务，可以提高全社会的健康水平和劳动生产率。社会公平的实现不仅有助于社会的和谐稳定，还能为经济的可持续发展提供坚实的社会基础。

（2）社会参与与公民意识

社会维度的可持续发展还强调社会参与和公民意识的提升。可持续发展不仅是政府和企业的责任，也是每个公民的责任。通过加强环保教育和宣传，增强公众的环保意识，可以促进全社会共同参与环保行动。例如，通过社区活动和志愿服务，引导公众积极参与环境保护、资源节约等实践活动，推动可持续发展理念的普及和落实。公民意识的提升不仅有助于环境保护，还能促进社会的民主和法治建设。

（3）社会创新与可持续发展

社会创新是实现可持续发展的重要驱动力。社会创新包括技术创新、制度创新和文化创新等方面。例如，通过技术创新，开发出更加高效和环保的生产工艺和产品，可以减少资源消耗和环境污染。通过制度创新，建立起更加科学和合理的管理机制，可以提高资源利用效率和环境保护水平。通过文化创新，形成全社会共同参与可持续发展的价值观和行为模式，可以推动可持续发展的深入开展。

3. 环境维度

（1）环境污染防治

环境污染是制约可持续发展的重要因素之一。环境污染不仅破坏生态系统，还威胁人类健康和生存。通过加强环境监测和管理，实施污染防治措施，可以有效控制和减少环境污染。例如，通过推广清洁生产技术和废物循环利用，可以减少工业污染排放。通过加强城市环境治理，改善空气质量和水质，可以提高居民的生活质量和健康水平。

（2）生态修复与恢复

生态修复与恢复是实现环境可持续发展的重要途径。生态修复不仅包括对受损生态系统的恢复，还包括对被污染环境的治理。例如，通过植树造林、退耕还林等措施，可以恢复森林生态系统，改善生态环境。通过土壤修复、水体净化等工程，可以治理被污染的环境，恢复生态系统的功能和服务能力。生态修复与恢复不仅有助于环境保护，还能为经济和社会发展提供良好的生态基础。

（四）可持续设计

可持续发展的理念在设计领域也得到了广泛应用。可持续设计不仅要考虑项目本身的功能和美观，还要注重其对环境和社会的影响。以下从设计项目的可持续发展基础评估、设计运行中的可持续、效果监测与反馈、设计中的可持续发展目标四个方面进行探讨。

1. 设计项目的可持续发展基础评估

在进行一项可持续设计项目前，需要对项目地的基础条件进行切实的考察和评估。这一过程可以为初步设计方案提供方向与数据参考，并为项目落地后的管理及决策调整提供精准依据。基础条件的评估分析可能因项目地的复杂情况而花费较多时间，但在设计的初期进行详细的数据调研，可以为后续设计和维护阶段减少许多问题与阻力。

在调研评估过程中，人的行为、社会发展状况、自然系统的季节性变化等特殊情况可能会增加评估的难度。因此，景观设计师应与相关专业人员合作，在设计过程中要做到整体把控，确保评估结果的科学性和准确性。

2. 设计运行中的可持续

可持续发展的理念不仅应体现在设计结果中，更应贯穿于设计活动的始终。无论是在前期的数据调研分析阶段，还是在设计中的绘制阶段，以及最后的项目落地阶段，都要考虑项目实施方式和材料选用的可持续性。最重要的是，设计结果应与传统的乡村景观发展方式有所区别。可持续设计应是动态的、持续进化的、可以少量人为干预的系统，就像生态系统一样，遵循着客观的物质变化规律，在一定程度内可被人类改造和利用。

3. 效果监测与反馈

在设计过程中，应频繁与设计的使用者进行沟通，对设计的实用性效果进行回馈与满意度调查。这一步骤在设计形成后尤为重要，因为设计师需要系统地把握设计全貌，对设计项目建成后的使用感预设和发展方向做出准确判断。

4. 设计中的可持续发展目标

根据可持续发展理念，可持续性的设计项目不应对场地造成破坏。任何设计项目实施时，都是对复杂生态系统的干扰，因此必须审慎行事。无论何种景观项目，都应将保护自然环境和修复受损生态系统作为前提。

二、乡村景观规划中的创新与可持续发展

（一）乡村景观吸引力

1. 农业生产景观

农业生产景观作为乡村景观的重要组成部分，不仅反映了乡村的农业活动，还展示了当地的自然环境和文化特点。传统农田、水渠、稻田和梯田等景观，都是乡村农业生产景观的重要元素。这些景观不仅记录了农业生产的历史，还体现了人与自然和谐共生的理念。维护这些传统景观，可以展示乡村的农业文化，同时提供独特的视觉和体验感受。通过推广有机农业和生态农业，可以减少农药和化肥的使用，保护土壤和水资源，确保农业生产的可持续性，同时有效提升农业景观的生态价值，增强其吸引力。

2. 聚落景观

聚落景观也是乡村景观吸引力的重要组成部分。它不仅包括乡村建筑的布局和形态，还涵盖了乡村的街道、广场等公共空间及各种民俗文化活动。传统的乡村布局、古老的建筑风格以及村民的日常生活和节庆活动，都是聚落景观的重要组成部分。保护和修复传统建筑，可以保留乡村的历史记忆，增强村民的文化认同感。同时，改善乡村基础设施，营造宜居的生活环境，可以提高村民的生活质量，吸引更多的游客和新居民。通过规划和设计公共空间，如广场、绿地和休闲设施，可以提升聚落景观的社会功能和美学价值。

3. 人文景观

人文景观是乡村景观中最具文化价值的部分，包括历史遗迹、文化遗产、

传统工艺和风俗习惯等。这些景观不仅展示了乡村的历史和文化，还体现了当地居民的生活方式和价值观。传统手工艺品的制作、民间艺术和乡村节庆活动等，都是人文景观的重要内容。在乡村景观规划中，通过发掘和保护这些人文资源，可以增强乡村的文化吸引力。同时，开展文化传承活动，如传统工艺的培训和展示、文化节庆活动的举办等，可以促进文化的传承和发展，提升乡村景观的文化价值。

（二）乡村景观生命力

乡村景观的生命力是指其推动经济发展的能力。单一的农业生产已无法满足现代乡村经济发展的需求，因此，乡村必须加快产业结构转型，丰富经济形式，实现可持续发展。通过产业多样化和创新发展模式，乡村可以提升其景观的经济效益，促进社会和文化的全面进步。

1.旅游业的发展

乡村旅游业的发展可以有效利用乡村景观资源，将其转化为经济增长点。乡村旅游包括农业观光旅游、生态旅游和文化旅游等多种形式，能够吸引城市居民前来体验乡村生活，欣赏自然风光，从而增加乡村经济收入。

（1）农业观光旅游

农业观光旅游让游客体验农业生产过程，了解农作物的种植和收获，提高农业产品的附加值。例如，在农作物的播种和收获季节，农场可以组织游客参与农事活动，让他们亲身体验农业劳动的乐趣。这不仅增加了游客的参与感，还提高了农产品的市场认知度和附加值。通过售卖自家农产品、举办农事体验活动等，可以带来直接的经济收益。

（2）生态旅游

生态旅游注重保护自然环境，让游客在欣赏美景的同时了解生态保护的重要性。乡村可以开发生态农庄、自然保护区等旅游项目，提供自然观察、生态教育等体验活动。通过建设步道、观鸟台、自然教育中心等，可以吸引生态爱好者和教育团队，提高乡村的生态价值和旅游吸引力。同时，注重生态环境的保护和恢复，确保旅游活动对环境的影响降到最低。

（3）文化旅游

文化旅游通过展示乡村独特的文化和历史，吸引游客前来体验。乡村可以利用传统手工艺、民俗节庆活动、历史遗址等资源，开展文化展示和体验活动。例如，开设传统手工艺品制作工作坊，让游客亲自动手制作，感受传统工艺的魅力。组织地方节庆活动，如传统婚礼、庙会等，让游客深入体验当地文化。此外，利用乡村历史建筑和文化遗址，开展文化遗产保护和展示活动，提升文化旅游的吸引力。

2.产业多样化

为了增强乡村景观的生命力，乡村必须实现产业多样化，丰富经济活动。除了传统农业，乡村还可以发展手工艺品制作、食品加工和休闲农业等多种产业。

（1）手工艺品制作

手工艺品制作不仅能够传承和发扬当地的传统手工艺，还能提高产品的文化价值和市场竞争力。例如，通过开设手工艺品制作工坊和展示中心，吸引游客和消费者前来参观和购买。手工艺品如编织品、陶器、木雕等，都可以成为乡村独特的文化产品，通过旅游市场进行销售，增加经济收入。

（2）食品加工

发展特色农产品加工产业，可以提高农产品的附加值，增加农民收入。例如，利用当地特产水果制作果酱、果干，利用谷物制作传统糕点等，通过现代化的包装和品牌推广，提升产品的市场竞争力和附加值。食品加工产业不仅可以增加农产品的市场价值，还能创造更多的就业机会，促进乡村经济的可持续发展。

（3）休闲农业

休闲农业通过提供采摘园、农事体验活动等吸引游客，增加经济收益。例如，开设采摘园让游客亲自采摘水果和蔬菜，体验田园生活；举办农事体验活动，如插秧、割稻、喂养家禽等，让游客感受农事劳动的乐趣。休闲农业不仅可以促进农产品的直接销售，还能通过旅游活动带动餐饮、住宿等相关产业的发展。

（三）乡村景观承载力

乡村景观承载力是指乡村景观资源在不被破坏的前提下所能承受的人类活动强度。这一概念在工业时代之前并未受到过多关注，因为当时的人们对自然环境的改造能力有限,形成了一种自然平衡的状态。然而,随着工业时代的到来,生产力大幅度提升,人类开始以破坏生态平衡为代价进行经济发展,导致了一系列环境问题,如耕地面积减少、水土流失加重、环境污染严重、景观衰退和生物多样性减少。因而,研究和规划乡村景观承载力显得尤为重要。

1. 环境容量

环境容量是指在不破坏乡村生态环境的前提下,乡村环境所能承受的人类活动影响的最大限度。这个概念包括建设规模、人口容量、人类活动性质和资源开发强度等多个方面。例如,乡村旅游的快速发展虽然带来了经济收益,但如果不加以控制,可能会导致环境的过度开发、游客数量过多,从而超出了环境容量,造成环境污染和资源耗竭。这种情况在很多旅游景点都已出现,旅游业的发展往往伴随着垃圾增加、水源污染和土地退化等问题。

在乡村景观规划中,必须合理控制开发规模和游客数量,采取有效措施保护环境,以确保可持续发展。具体措施包括制定严格的旅游承载力评估标准,设定游客容量上限,建设环保设施,推广绿色旅游理念等。此外,采取分散式旅游开发策略,避免集中开发,可以减少对环境的集中压力。例如,可以将游客分散到多个景点或开发不同类型的旅游项目,以降低单一景点的环境压力。

2. 文化与心理容量

文化与心理容量是指乡村当地的人文景观和当地居民对外来干扰的承受能力。随着城市化进程的加快,乡村的传统文化和生活方式受到了很大的冲击。大量的外来游客和现代化设施的引入,可能会导致当地居民的文化认同感下降,传统的节庆、民俗活动和手工艺制作等人文景观受到冲击。

在乡村景观规划中,必须重视文化与心理容量,保护和传承乡村的文化遗产,增强村民的文化认同感。具体措施包括保护传统建筑和村落布局,支持和推广传统手工艺品制作,组织和举办传统节庆活动等。此外,还应教育和引导游客尊重当地文化,减少对当地居民生活方式的干扰。例如,可以通过建立文化展示中心、开展文化讲座和活动等方式,让游客深入了解乡村文化,增强他们尊重文化的意识。

3. 生存容量

生存容量是指乡村生态环境所能承受的人类活动影响的限度。随着工业化和城市化的发展,乡村的生态环境遭到了严重的破坏,耕地减少、水土流失、生物多样性下降等问题日益突出。因此,通过生态恢复工作,重建自然植被斑块与廊道,逐渐恢复乡村景观的生态功能,显得尤为重要。

在乡村景观规划中,必须重视生态恢复和保护工作,确保生态系统的健康与稳定。具体措施包括植树造林、水土保持、湿地修复等。例如,通过植树造林,可以增加植被覆盖率,改善乡村的生态环境;通过水土保持措施,可以减少水土流失,保护耕地;通过湿地修复,可以恢复湿地生态系统的功能,提高生物多样性。此外,推广生态农业和可持续的土地利用方式,也能够减少对自然资源的过度开发和利用。例如,推广有机农业、减少农药和化肥的使用,可以保护土壤和水资源,提升农业生产的可持续性。

第二节 生态设计理念

一、生态设计的基本概念

生态设计,又称生态规划,是指在设计和规划过程中,通过合理配置自然资源和人类活动,以实现资源的高效利用和环境的可持续发展。生态设计强调人与自然的和谐共生,主张在不破坏自然生态平衡的前提下,利用自然条件和资源,满足人类的需求。这一设计理念不仅关注环境保护,还强调社会和经济的可持续发展,力求在生态、经济和社会之间找到平衡点。生态设计的核心在于通过科学的方法和技术手段,最大限度地发挥自然系统的功能和效益,从而实现人与自然的共生和繁荣。

(一)整体性

生态设计必须考虑生态系统的整体性和复杂性,包括生物、非生物及其相互作用。生态系统是一个复杂的动态系统,各种生物和非生物要素通过能量流动、物质循环和信息传递相互联系和作用。生态设计强调从整体上理解和管理生态系统,注重生态系统的整体功能和结构,而不是孤立地解决单一问题。

在实际应用中,整体性要求设计师综合考虑土地利用、水资源管理、生物多样性保护和社会经济发展等多个方面。例如，在乡村景观规划中，需要考虑农业生产、生态保护和居民生活等多种需求，通过科学的规划和设计，实现各要素的协调和优化。整体性还要求在设计过程中，考虑生态系统的长期演变和动态变化，制定适应性强的长期规划和管理策略。

（二）多样性

保护生物多样性是生态设计的核心原则之一。生物多样性不仅包括物种的丰富度，还包括基因多样性和生态系统多样性。丰富的生物多样性有助于增强生态系统的稳定性，提高生态系统抵御外界干扰和环境变化的能力。

在乡村景观中，保护生物多样性可以通过丰富的植物种类和生态景观来实现。设计师应选择适应当地环境的原生植物和多样化的种植模式，构建多层次、多功能的生态景观。例如，通过建设花园、湿地、森林和草地等多种生态景观，可以提供多样的栖息地和食物源，支持各种动植物的生存和繁衍。此外，多样性的保护还需要考虑景观的连通性和完整性。通过构建生态廊道和生态网络，促进生物种群的交流和迁徙，避免生态孤岛效应，维持生态系统的整体功能。

（三）适应性

根据当地的自然条件和社会经济状况，因地制宜，采用适应性强的设计方案，是生态设计的另一个重要原则。适应性设计强调根据不同地域的气候、地形、水文和土壤等自然条件，以及当地的社会经济和文化背景，制定符合实际情况的设计方案。

适应性设计要求设计师深入了解当地环境，充分利用自然条件，减少对环境的破坏和资源的浪费。例如，在干旱地区，应采用耐旱植物和节水灌溉技术，减少水资源的消耗。在洪涝频发地区，应设计有效的雨水管理系统和防洪措施，增强区域的防灾能力。

适应性设计还需要考虑社会经济的适应性。设计方案应与当地居民的生活方式和经济活动相协调，满足居民的需求，增强居民的参与感和认同感。例如，在乡村景观设计中，可以结合当地的传统文化和生产方式，开发适合当地的生态旅游和休闲农业项目，促进经济发展和文化传承。

二、生态设计在乡村景观中的创新应用

在乡村景观中应用生态设计理念，可以有效提升乡村的生态环境质量，促进乡村经济和社会的可持续发展。具体应用包括生态农业、生态旅游和生态建筑等方面，通过创新性的设计和实践，打造生态宜居的乡村景观。

（一）生态农业

生态农业是一种以可持续发展为目标的农业生产模式，通过减少农药和化肥的使用，保护土壤和水资源，提高农业生产的可持续性和经济效益。生态农业的创新应用主要体现在以下几个方面：

1. 有机农业

有机农业强调不使用化学合成的农药、化肥和转基因技术，而是通过自然循环过程和生物多样性来维持和提升农业生态系统的健康和生产力。有机农业的创新之处在于利用有机肥料、绿肥和生物防治等技术，提高土壤肥力和农作物抗病能力。例如，利用蚯蚓堆肥技术，可以将有机废弃物转化为高效的有机肥，改善土壤结构，增加土壤的有机质含量。蚯蚓通过分解有机废弃物，生成富含养分的蚯蚓粪，既可以作为优质的有机肥料，又能改善土壤的物理和化学性质，增强土壤的保水保肥能力。此外，有机农业还提倡多样化种植，通过种植不同种类的作物，形成多样化的生态系统，减少病虫害的发生，提高农作物的产量和质量。

2. 循环农业

循环农业通过构建农业生产系统内的资源循环和能量流动，减少资源浪费和环境污染。畜禽养殖废弃物可以作为沼气发酵原料，沼气可以用来发电或供暖，沼渣和沼液可以作为有机肥料还田，由此形成"种养结合"的循环农业模式。这种模式不仅有效解决了畜禽养殖废弃物的处理问题，还实现了资源的循环利用，提高了农业生产的综合效益。此外，循环农业还包括水产养殖与种植业的结合，如稻田养鱼、蔬菜—鱼类共生系统等，都能够实现资源的高效利用和循环利用。稻田养鱼利用稻田水体养殖鱼类，鱼类在稻田中生活，吃掉害虫和杂草，同时鱼类排泄物为稻田提供了天然的肥料，减少了化学肥料和农药的使用，提高了稻田的生态效益和经济效益。

3. 休闲农业

休闲农业通过将农业生产与旅游、休闲、教育等功能相结合，提供多样化的农业体验和服务，增加农民收入，促进农村经济发展。例如，在乡村农场开设采摘园、观光园、农事体验等项目，让游客亲身体验农业生产过程，增加农业附加值。通过开展农事体验活动，如种植、采摘、喂养动物等，可以增强游客对农业的了解和兴趣，提升农业的社会价值和经济效益。

同时，休闲农业还可以实现生态教育推广，增强游客的环保意识，提高他们的农业知识水平。例如，通过举办农业科普讲座、生态农场参观等活动，让游客了解有机农业、循环农业等生态农业模式的原理并进行实践，增强他们的环保意识和生态理念。

4. 智慧农业

智慧农业利用物联网、大数据、人工智能等现代信息技术，实现农业生产的智能化管理和精准化操作。通过传感器监测土壤湿度、温度和养分状况，智能灌溉系统可以根据农作物需求自动调节水肥供应，提高水资源的利用效率和农作物的产量。无人机和遥感技术可以用于农田巡检、病虫害监测和精准施肥，提高农业生产的效率和效益。

智慧农业的应用还减少了资源浪费和环境污染，促进了农业的可持续发展。例如，通过智能控制系统，可以实现对农田灌溉、施肥、除草等环节的精准管理，减少农药和化肥的使用，提高资源利用效率，减少环境污染。

（二）生态旅游

生态旅游是一种以自然和文化资源为基础，以保护环境和促进乡村发展为目标的旅游形式。生态旅游通过合理开发和利用乡村的自然和文化资源，吸引游客，促进乡村经济增长，同时提高居民的环保意识和生活质量。生态旅游的创新应用主要体现在以下几个方面：

1. 生态农庄

生态农庄结合农业生产和旅游服务，提供有机农产品、生态餐饮、农事体验等多样化的旅游项目。例如，可以开设有机蔬菜采摘、有机农产品销售、生态餐饮体验等项目，让游客了解有机农业的生产过程和生态价值。通过发展生态农庄，可以增加农民收入，促进有机农业的发展和推广。

生态农庄不仅提供农业生产和旅游服务，还可以作为生态教育的场所，通过开展农业科普讲座、生态农场参观等活动，增强公众的环保意识，提高其生态知识水平。例如，可以组织学生、社区居民参观农场，了解有机农业和生态农业的原理并进行实践活动，增强他们的环保意识和生态理念。

2. 自然保护区

乡村可以利用丰富的自然资源和生态环境，建立自然保护区，开展生态旅游活动。例如，利用森林、湿地、河流等自然景观，开发徒步旅行、观鸟、生态摄影等旅游项目。通过自然保护区的建设和管理，可以保护乡村的生物多样性和生态环境，提高乡村的生态旅游吸引力。

自然保护区的建设还可以为游客提供独特的旅游体验，增加乡村的旅游收入。例如，通过建设步道、观鸟台、自然教育中心等，可以吸引生态爱好者和教育团队前来参观和体验，提高乡村的生态旅游吸引力。

3. 文化遗址

乡村的历史文化遗存和传统文化是重要的旅游资源。通过保护和开发文化遗址，可以吸引游客，促进文化旅游的发展。例如，修复和保护传统村落、古建筑、民俗文化遗址，开展文化遗产展示和文化体验活动。通过文化遗址的保护和开发，可以提升乡村的文化价值和旅游吸引力，促进文化传承和发展。

4. 生态体验项目

创新性地开发生态体验项目，可以增强生态旅游的吸引力和游客的参与感。例如，开发生态农事体验、生态教育活动、生态手工艺制作等项目，让游客参与到生态保护和农业生产中，增强他们的环保意识和动手能力。生态体验项目可以为游客提供独特的旅游体验，提高游客的满意度。

（三）生态建筑

生态建筑是指在建筑设计和建设过程中，充分考虑资源利用和环境保护问题，通过采用节能、环保和可持续的建筑技术和材料，减少建筑对环境的影响，提高建筑的生态性能和居住舒适度。生态建筑的创新应用主要体现在以下几个方面：

1. 节能建筑

节能建筑通过优化建筑设计和使用高效节能设备，减少建筑能耗，提高能源利用效率。例如，利用自然通风、自然采光和建筑围护结构的隔热性能，减少空调的使用和照明的能耗。使用太阳能、地热能等可再生能源，提供建筑的供暖、制冷和热水供应，提高能源利用效率和环境效益。

2. 被动式设计

被动式设计是指在建筑设计和布局时，充分利用自然环境和气候条件，减少对机械设备的依赖，提高建筑的能源效率。例如，通过优化建筑朝向、窗户大小和位置，利用自然通风和自然采光，提高室内环境的舒适度。使用遮阳设施和绿化屋顶，减少夏季的太阳辐射和热岛效应，提高建筑的节能性能。优化建筑的朝向和窗户位置应考虑当地的气候条件，最大限度地利用自然光照和通风，减少人工照明和空调的使用。此外，建筑外墙和屋顶的隔热性能也是被动式设计的重要考虑因素。通过使用高效隔热材料和设计合理的建筑构造，可以有效减少热量损失，提高建筑的能源效率。例如，在寒冷地区，可以采用双层玻璃窗和保温墙体，减少室内热量流失；在炎热地区，可以采用反射性强的屋顶材料和隔热层，减少由室外进入室内的热量。

3. 绿化屋顶和垂直绿化

绿化屋顶和垂直绿化是指在建筑屋顶和墙面种植植物，增加建筑绿化面积，改善环境质量。例如，通过建设绿化屋顶，可以减少屋顶热量吸收，降低建筑能耗，提高室内环境的舒适度。绿化屋顶不仅具有隔热功能，还能减少雨水径流，改善微气候。

垂直绿化是在建筑外墙种植植物，既可以美化建筑外观，又能提高空气质量。垂直绿化还可以减少建筑物的热量吸收，降低空调使用率，节约能源。例如，在高层建筑的外墙上种植攀缘植物，可以形成天然的"绿墙"，不仅美观，而且环保。

绿化屋顶和垂直绿化的应用还可以增加绿化面积，改善生态环境。通过种植多样化的植物，可以增加生物多样性，提供生物栖息地，改善生态环境质量。

三、生态设计的成功案例

（一）案例分析

浙江省湖州市安吉县天荒坪镇的余村在全国小有名气。余村总面积为 4.86

平方千米，与县城只有18千米的距离，三面都被青山环绕，地理位置优越。该村已建成的生态旅游及乡村假日景点，已成为国家重点打造的"美丽乡村"示范村，在浙江省内也被评为省级旅游休闲示范村，曾获得全国美丽宜居示范村的称号。

在刚开始的发展阶段，余村主要以水泥厂、矿山厂等企业为主，这些企业曾是余村最大的经济来源。然而，企业的工业项目带来了严重的环境污染问题，烟雾弥漫、污水横流的现象时有发生。这种以破坏生态环境为代价的发展模式难以持续，迫使乡村寻找新的发展路径。

1. 转型的开始

余村通过群策群力，研究如何发展旅游经济，开始推动生态旅游业的发展。通过科学规划和积极实践，余村逐渐从一个工业污染严重的乡村转变为生态旅游示范村，当地的面貌发生了翻天覆地的变化，风景变得十分秀丽，不仅有溪水，还有成片的翠竹，各种建筑错落有致，外观精美，整体环境令人心旷神怡。生态旅游业的发展，已将余村的绿水青山真正开发成了金山银山，为当地老百姓带来了可观的收入。

2. 生态旅游业的发展

余村的转型成功离不开生态环保的支撑。在发展期间，余村始终围绕生态旅游村的建设目标，立足当地的自然条件，结合人文景观，开发了生态旅游业。转型后，绿地覆盖率达到了75%，风景秀丽，居住条件优越，旅游资源丰富。此外，余村始终坚持绿色发展的理念，充分挖掘当地旅游资源，建设多个知名品牌旅游项目，如竹博园景区。人文气息和乡村景观在余村实现了完美融合。

为了提高村民的居住环境，余村也非常重视人居环境的建设。在景区建设时，围绕"一环一带，两园三区"展开规划，打造出了当地特色的旅游路线，包括矿坑花园、两山公园、生态保育区、宜居生活区和绿色产业区等。这种空间布局充分利用了乡村的空间资源，将以往的资源优势转变成旅游景点。乡村内部的水库厂区等完成了修复和搬迁工作，并聘请了专业的物业公司提供保洁服务，在全村范围内实行垃圾分类，确保美丽乡村的可持续发展。

3. 产业的多元化

结合当地的发展实际，余村形成了具有当地特色的景区管理模式，将乡村资源和景区资源融为一体，进行统一的经营管理和运作，带动了乡村发展。通过对资源进行整合，发挥了当地生态资源的优势，同时优化了资源、土地和空间。乡村旅游的发展使余村顺利完成了产业升级和转型。余村重点发展生态休闲旅游，提供多种旅游形式，如垂钓、农事活动、农家乐体验、漂流、休闲会所等。余村将这些旅游形式串联在一起，打造出具有地方特色的旅游品牌，并朝着5A级景区的目标不断前进，未来计划建设度假酒店、百亩花田及旅游综合体等项目，实现从生态旅游到多元化产业的转型。

4. 社区参与与生态教育

余村的发展不仅在经济上取得了显著成效，还提高了村民的生活质量和环保意识。余村通过各种方式积极推动社区参与和生态教育，例如，组织村民参加环境保护培训，开展生态农业技术交流，推广垃圾分类和资源回收等。这些措施不仅增强了村民的环保意识，还提高了他们的生态保护能力。

5. 生态建筑与基础设施建设

在生态建筑方面，余村积极引入节能环保技术，建设了一批高效节能建筑和生态环保设施。通过优化建筑设计，采用太阳能、地热能等可再生能源，建设绿化屋顶和垂直绿化，余村有效地改善了环境质量，提升了居住舒适度。此外，余村还注重基础设施的建设和维护，完善了乡村的供水、排水、电力和道路等，为村民提供了良好的生活环境。

（二）经验借鉴

余村的成功经验为其他乡村的生态设计提供了宝贵的经验。建设生态文明，推进绿色发展，余村的经验可以总结为以下几点：

1. 以生态为基础

余村将生态观念放在第一位，充分发挥现有绿化资源的优势，注重生态环境的保护和协调。通过关闭污染企业，发展生态旅游和生态农业，余村实现了经济和环境的双赢，走出了一条绿色发展之路。其他乡村在发展过程中，也应注重生态环境的保护，合理利用自然资源，实现可持续发展。

2. 社区参与

余村在生态设计过程中，充分调动村民的积极性，提高他们的参与度。通过开展生态教育和环保宣传，增强了村民的环保意识和生态理念，增强了社区的凝聚力和自豪感。其他乡村在进行生态设计和发展时，也应注重社区的参与，鼓励村民参与生态保护和建设，共同推动乡村的可持续发展。

3. 多元化发展

余村通过发展多种生态旅游和农业项目，实现了乡村经济的多元化发展。通过开发竹博园、矿坑花园等旅游项目，吸引了大量游客，提高了村民的经济收入。通过发展有机农业和循环农业，增加了农产品的附加值，促进了农业的可持续发展。其他乡村也应根据自身的资源和条件，发展多样化的经济项目，提升乡村的经济活力和发展潜力。

4. 创新与实践相结合

余村在生态设计过程中，注重创新与实践相结合。通过引入先进的生态农业和建筑技术，提升了乡村的生态环境质量和经济效益。通过不断总结和改进，余村逐渐形成了一套适合本地实际的生态设计和管理模式。其他乡村在进行生态设计时，也应积极引入和应用新技术和新方法，结合实际情况，不断创新和优化设计方案，提高生态设计的效果和效益。

5. 长期规划与可持续发展

余村注重长期规划和可持续发展，通过科学的规划和管理，逐步实现了乡村经济和生态环境的协调发展。其他乡村在进行生态设计时，也应注重制定长期发展规划，明确发展目标和实施路径，采取有效的措施，保障生态设计的可持续性和长期效益。

第三节 文化传承与创新设计理念

一、地域文化的保护与利用

地域文化由物质文化和非物质文化共同构成，展现出由自然山水环境特色与历史文化、人文因素相结合而表现出的独特特征。在景观规划设计中，营造地域文化主要涉及对地域传统文化的保护与利用。不同的经济水平、宗教信仰、地理环境对一个地域的历史文化产生着不同的影响，使其具有地域性、民族性，并创造出灿烂的地域文化，这是一个地域长期发展的积淀。

（一）对山水格局的保护

古代称自然山水格局为"形胜"，所谓"形胜"即"得形势之胜便也"。《辞源》将"形胜"解释为"地势优越便利，风景优美"。《荀子·强国》云："其固塞险，形势便，山林川谷美，天材之利多，是形胜也。"这一概念强调自然山水的独特性和优越性，是古人对自然景观的一种高度评价和赞美。自然环境是影响乡村景观的最重要因素，而这种形胜之地不仅有助于人类生存和发展，还在一定程度上塑造了地域文化的独特性。

经典论述《管子·度地》中提道："故圣人之处国者，必于不倾之地，而择地形之肥饶者。乡山，左右经水若泽。内为落渠之写，因大川而注焉。乃以其天材、地之所生，利养其人，以育六畜。"这段话明确指出了自然环境对地域选择和发展的重要性。圣人选择定居之地时，首先考虑地势是否稳定，土壤是否肥沃，山水是否环绕，水源是否丰富。这种对自然山水格局的重视不仅是为了生存，也是为了利用自然资源进行农业生产和养殖，以维持社会的长期发展。

对于地域文化的保护，首先要保护地方自然景观。应对当地自然环境有所认知，遵循自然规律并根据当地地理条件对历史上的形胜进行恢复和保护。因借自然山水进行的乡村景观规划设计，拥有区别于城市景观的自然景观优势。在进行地域乡村景观规划时，一定要保护原有的自然山水环境格局，这样才能充分保留地域文化的完整性。

为了更好地保护山水格局，可以采取以下措施：

1. 自然环境评估

自然环境评估是保护山水格局的第一步。在进行乡村景观规划前，必须对规划区域的自然环境进行全面评估。这不仅包括对地形地貌、水文条件、植被分布等基本自然要素的分析，还包括识别区域内关键的生态系统和景观特征。通过环境评估，可以了解自然环境的现状和潜在问题，为后续的保护和恢复工作提供科学依据。例如，通过遥感技术和 GIS 系统（地理信息系统），进行土地覆盖变化监测，识别生态敏感区和景观破碎化区域，从而制定有针对性的保护措施。

2.生态恢复

对于已经受到破坏的自然景观，实施生态恢复工程是保护山水格局的重要手段。生态恢复不仅包括植被的恢复，还包括水系的修复和土壤的改良。通过科学的生态恢复措施，可以逐步恢复自然生态系统的自我调节能力，实现生态平衡。例如，针对水土流失严重的区域，可以通过植树造林、修建梯田等措施，防止水土流失，恢复植被覆盖。同时，通过修复湿地、恢复河道自然形态等措施，改善水生态环境，提升区域生态系统的整体健康水平。

3.景观连通性

景观连通性是保持自然景观功能和生态系统健康的重要因素。在规划和设计过程中，应确保自然景观的连通性，避免因开发造成的景观破碎化。景观连通性不仅有助于野生动植物栖息和迁徙，还可以维护生态系统的功能完整性。例如，通过构建生态廊道，将孤立的自然保护区连接起来，形成一个完整的生态网络，确保生态系统的稳定性和多样性。此外，在进行基础设施建设时，应尽量减少对自然景观的破坏，采用生态友好的建设方式，保护自然景观的连通性。

4.公众参与

公众参与是保护自然景观的重要环节。只有公众积极参与到自然景观的保护和管理中，才能真正实现对自然环境的长期保护。通过宣传教育，增强公众的环境保护意识，提高公众对自然景观价值的认知水平。例如，可以通过组织环保志愿者活动、开展环境保护宣传教育、设立社区环保基金等方式，激发公众参与自然景观保护的热情。此外，通过建立社区共同管理机制，鼓励公众参与自然景观的监测和管理，共同维护自然景观的完整性和美丽。

（二）对历史文化遗迹的保护

历史文化遗迹是地域文化的重要组成部分，保护历史文化遗迹对于传承地域文化具有重要意义。历史文化遗迹不仅是已逝历史的残留物，更是人们崇敬的对象。对历史文化遗迹的保护包括对当地历史建筑、历史遗产等的保护。建筑物可以带来历史记忆，例如，一提到小胡同和四合院，人们会自然地想起北京，京韵会勾起许多人的回忆。在城市化进程中，应对具有地域特色的建筑物加以保护，促进地域景观的良性发展。

安徽省黟县宏村的乡村景观就充分体现了对地域文化的保护。它很好地保留了当地古村落的自然环境、民风民俗以及古民居的建筑群。由此可见，保护历史文化遗迹可以采取以下措施：

1. 历史建筑保护

历史建筑保护是历史文化遗迹保护的核心内容之一。历史建筑不仅是建筑艺术的结晶，更是文化传承的重要载体。通过制定历史建筑保护法规，可以限制对历史建筑的拆除和改建，确保其原貌保存。例如，法国的历史建筑保护法明确规定了历史建筑的保护范围和保护措施，对保护历史建筑起到了重要作用。在中国，也相继出台了《历史文化名城名镇名村保护条例》《中华人民共和国文物保护法》等法律法规，为历史建筑的保护提供了法律保障。

保护历史建筑不仅仅是维护其外观，还应注重其内在价值的传承。例如，对历史建筑的修缮应遵循"修旧如旧"的原则，尽量保留其原有的建筑材料和工艺，避免现代化改造对其历史风貌的破坏。此外，对于历史建筑的保护还应包括对其周边环境的保护，应保持其历史环境的完整性。例如，保护历史建筑周边的街区、广场、园林等，使其能够与周围环境和谐共存，共同传承历史文化。

2. 文化遗产调查

文化遗产调查是保护历史文化遗迹的重要基础工作。通过对历史文化遗产进行定期调查和记录，可以建立详细的文化遗产档案，为保护工作提供科学依据。例如，法国通过定期调查和更新，记录了全国范围内的重要历史文化遗产，为遗产的保护和管理提供了重要参考。

在中国，各地也积极开展文化遗产调查工作。例如，北京市文化遗产保护中心通过定期对全市历史文化遗产进行普查，建立了详细的文化遗产档案，为保护工作提供了科学依据。文化遗产调查不仅包括对物质文化遗产的调查，还包括对非物质文化遗产的调查。例如，对传统手工艺、民间习俗、口头文学等非物质文化遗产进行调查和记录，建立详细的非物质文化遗产档案，为其传承和保护提供科学依据。

3. 编制保护规划

编制文化遗产保护规划是保护历史文化遗迹的重要措施之一。通过将历史文化遗产的保护纳入城市和乡村规划中，可以确保保护工作具有科学性和系统性。例如，英国通过将历史文化遗产的保护纳入城市规划中，确保了遗产保护工作的系统性和科学性。

在中国，各地也积极编制文化遗产保护规划。例如，北京市通过编制《北京历史文化名城保护规划》，将历史文化遗产的保护纳入城市总体规划中。保护规划不仅包括对历史建筑的保护，还包括对历史环境的保护。例如，通过规划保护历史街区、历史景观、历史园林等，并保持其历史环境的完整性和连贯性。

4. 文化教育

文化教育是增强公众文化保护意识的重要途径。通过加强对保护历史文化遗产的宣传教育，可以提高公众对历史文化遗产价值的认识，增强其文化保护意识。例如，法国通过在学校开设文化遗产课程，提高学生对文化遗产的认识和保护意识。

在中国，各地也积极开展文化教育工作。北京市通过组织文化遗产宣传活动、开设文化遗产课程等，提高公众保护文化遗产的意识。此外，文化教育还应包括对传统手工艺、民间习俗等非物质文化遗产的教育。例如，通过开设传统手工艺课程、举办民俗文化节等，提高公众对非物质文化遗产的认识和保护意识。

（三）对地域文化元素的提取

中国有几千年绵延不断的历史，物质文化和精神文化非常丰富。悠久的历史中有许多宝贵的经验值得借鉴、吸收和利用。通过各种广场、景观小品、历史遗存建筑等，人们可以对一个地方的历史文化特色有清晰的了解，同时加深对这个地方的印象。因此，在进行景观规划时，要提取地域文化元素符号。各地区的文化通过浓缩符号如建筑符号、景观符号的运用和演化来延续，例如徽州民居的马头墙、云南的一颗印等建筑的形式。在乡村景观建设中，也要提取地方传统特色元素，融合成符号应用于设计中，体现地域风貌。

1. 文化调研

文化调研是提取地域文化元素的第一步。对规划区域的历史文化进行深入调研，收集和整理文化元素，是了解地域文化的基础工作。文化调研不仅包括对历史建筑、文物遗址的考察，还包括对当地民俗、传统手工艺、节庆活动等非物质文化遗产的调查。通过调研，可以全面掌握当地的文化脉络和特色，为后续的符号提炼和设计应用提供丰富的素材。

文化调研需要多学科专家的参与和协作。历史学家、建筑学家、人类学家、民俗学家等各类专家应共同参与，确保调研工作的全面性和科学性。例如，在对徽州地区进行文化调研时，不仅要考察徽派建筑的风格特点，还应深入了解徽州文化的起源、发展和演变，探究其背后的社会、经济、文化因素。同时，还应收集当地居民的口述历史、民间故事等，丰富调研内容，为提取文化符号提供多元视角的参考。

2. 符号提炼

符号提炼是从丰富的历史文化中提炼出具有代表性的符号，形成设计元素的过程。符号提炼不是对文化元素的简单归纳和总结，而是对文化内涵的深度挖掘和解读。通过符号提炼，可以将抽象的文化内涵转化为具体的设计语言，使文化元素得以在景观设计中体现和传承。

符号提炼需要对文化元素进行分类和筛选，选择那些具有代表性、独特性和传承价值的元素。例如，徽州民居的马头墙、四合院的中轴对称布局、江南建筑的白墙黛瓦等，都是具有鲜明地域特色的建筑符号。在提炼这些符号时，不仅要关注其外在形态，还应深入理解其文化内涵和历史背景。例如，马头墙不仅是徽州民居的建筑特色，更是徽州文化中"风水"观念的体现，其独特的形态设计不仅有实用功能，还蕴含着深厚的文化意义。

3. 符号应用

符号应用是将提炼出的文化符号灵活运用于景观设计中的过程。通过符号应用，可以增强设计的文化内涵，使景观设计既具有地域特色，又具有现代美感。在景观设计中，符号应用不仅包括对建筑符号的应用，还包括对景观符号、色彩符号、装饰符号等多种文化符号的综合运用。

在符号应用过程中，需要注意符号的尺度和比例，确保其在具体环境中的合理性和适用性。例如，在设计徽派建筑风格的庭院时，需要考虑马头墙的高度、宽度与庭院整体布局的协调性，避免因比例失调而影响整体美感。同时，还应注重符号之间的组合和搭配，应让符号形成有机的整体。例如，可以将徽派建筑的马头墙、江南建筑的白墙黛瓦和苏州园林的水景元素有机结合，创造出具有丰富文化内涵的景观空间。

4. 文化融合

文化融合是将提取的文化元素与现代设计理念相结合，创造出具有时代感的地域文化景观的过程。通过文化融合，可以在传承地域文化的同时，赋予其新的生命力和现代感，使其在新时代背景下焕发出新的活力。

文化融合需要在尊重传统文化的基础上进行创新和再创造。例如，在设计现代城市广场时，可以借鉴传统建筑的中轴对称布局，结合现代建筑材料和技术，创造出既具有传统美感，又符合现代功能需求的公共空间。同时，还可以通过多媒体技术、互动装置等现代手段，增强景观设计的互动性，使传统文化元素在现代环境中得到更广泛的传播。

二、地域文化发展和继承原则

（一）保留提升原则

保留提升原则是地域文化发展和继承的重要原则之一，强调对自然景观和生产生活景观的保留与提升。保留是指针对地方特色的自然景观资源，应保留其原始风貌，这是可持续发展的必然要求。具体来说，它强调保留和恢复对乡村具有特殊意义的自然环境，或重要历史文化景观和传统，以再现当地的传统风貌特色。例如，传统村落中的古树名木、古桥古道、传统民居等都应尽可能地保留和保护，以保持其历史真实性和文化价值。

提升则是在保留的基础上对传统文化进行提炼和运用。提升不仅是保护和复原，还是对传统文化元素进行现代化的表达。应尊重传统文化，结合地方环境特色和居民生活状态，寻找合适的表达手法，使传统文化在现代社会中焕发新的生命力。例如，可以通过现代设计手法对传统建筑元素进行再创造，使其既保留传统韵味的同时，又符合现代审美和功能需求。这种提升不仅保留了地域文化的核心元素，还增强了其在现代社会中的适应性和吸引力。

（二）发展创新原则

发展创新原则强调地域文化在继承与创新中的动态平衡。我国的传统文化在历史发展过程中受到了外来文化的极大影响，在与外来文化的融合过程中，不断丰富着自身文化，并与不同的外来文化要素进行重新组合。因此，对地域文化的继承和发展需要进行动态的持续跟踪，不仅要继承我国优秀传统文化中的精髓，还要吸收外来文化的优势，从而促进自身的不断发展。

在对乡村景观文化进行有效利用和塑造的过程中，需要从文化传承的角度出发，将其作为我国传统文化的重要组成部分，进行全方位综合利用。例如，可以借鉴国外先进的设计理念和技术手段，创造出具有深厚文化内涵的现代景观作品。这种设计理念能够真正站在文化发展的角度进行内涵的挖掘，符合人类社会发展的潮流，使乡村景观不仅具有传统文化特色，还能表达出新的文化特色。

（三）与时俱进原则

与时俱进原则强调在传统文化传承中的动态发展。在历史发展过程中，传统文化的内涵和外延得以不断拓展，因此，在对地域文化发展和传承时，需要以与时俱进的原则，进行景观形象的构建。既需要对原有的不足之处进行改正和修补，还需要站在人类发展的宏观角度进行新形式的创造，使其能够更好地满足人类的现实需求，符合人类的审美要求。

通过功能的有效拓展来服务人类的多样化和个性化需求，是促进地域文化持续发展的动力和基础。例如，传统的乡村景观可以通过引入现代娱乐设施、休闲空间等，满足现代人对休闲、娱乐、教育等多方面的需求。同时，也可以通过引入现代环保技术和可持续发展理念，提升乡村景观的生态价值和可持续发展能力。这样，不仅可以丰富传统文化，还可以在继承和发展它的基础上，充分突显地区文化的特色，真正实现与时俱进，体现现代美感和新的时代精神。

三、地域特色塑造的策略

地域特色不仅是传统的延续，更是当地独特人文风俗、经济文化等方面的综合体现。首先，理解地域特色需要从考察自然景观、气候、地形、地貌等方面入手，因为这些自然环境是形成当地独特人文景观的先决条件。其次，传承地域优秀文化应结合时代精神不断创新，同时以开放的态度与世界各地的文化进行交流。最后，应借鉴传统乡村的建设和开发理念，就地取材，利用当地的传统技术和乡土材料，结合现代先进技术来实现设计思想，同时对社会经济条件现状进行详细分析和调查，开辟出一条适合当地乡村发展的道路。

（一）尊重自然景观环境

自然环境孕育了乡村的文化历史。山川、河流、森林等自然要素在乡村文化中各自发挥着应有的作用，因此，乡村景观规划设计要尊重并利用这些自然景观环境。保护和恢复现有地貌景观是首要任务，应尽量减少人为创造新的地貌格局。乡村景观设计应结合山谷、山脊、山顶、山腰等特殊地势的位置进行保护和利用规划，避免破坏原有的自然景观格局。

1. 自然地貌的保护与利用

自然地貌包括山谷、山脊、山顶和山腰等地形特征，它们不仅构成了乡村的独特风景线，还为各种生物提供了栖息地。例如，西南地区的梯田景观不仅是农业生产的结果，更是与当地自然环境相互作用的产物。人们利用山地地形，创造了极具特色的梯田农业景观，体现了人与自然的和谐共生。因此，乡村景观设计应优先保护和利用现有地貌，通过科学规划，使自然地貌与人类活动有机结合，形成既美观又实用的景观空间。

2. 植物生态系统的维护

动植物是整个自然生态系统的重要组成部分，对维持乡村生态平衡和环境保护具有重要意义。当地自然生长的植物基于地理、气候、土壤及其他自然要素的综合作用，形成了独特的景观。因此，设计中应优先考虑保护当地特色植物和生态系统，通过增加植物多样性和恢复原生植物群落，增强景观的生态功能和美学价值。

3. 水资源的合理利用

水是乡村景观的重要组成部分，也是乡村生存和发展的重要资源。水系的分布和利用直接影响到乡村的生态环境和景观格局。在设计过程中，应充分利用当地的水资源，通过合理的水系规划和景观设计，形成良好的水生态系统。可以利用天然水源和水系进行景观设计，例如在江南水乡地区，利用河道、水塘等自然水体，形成独特的水乡风貌。同时，通过科学的水资源管理和利用，保护水环境，防止水污染，确保水资源的可持续利用。

（二）延续地域历史特色

每一个地域、每一个乡村都有其独特的文化历史。历史文化传统、风土人情、建筑风格、审美情趣和人文景观共同构成了地域特色的核心。真正的传承不仅要重现过去的旧时风貌，更要保留现存的美好环境，并指出其未来的发展方向。应避免对具有吸引力的生活场所进行不适当的改变或破坏，这是保护地域特色的重要原则。

1. 保留性设计

保留性设计是指在保护和修复历史文化遗产的基础上，保持其原有的历史风貌和文化价值。例如，在江南水乡古镇的保护和开发过程中，保留性设计侧重于保护和修复古建筑、历史街区和传统民居。通过对古建筑进行修缮和维护，恢复其原有的风貌，使其能够继续发挥文化遗产的作用。同时，在保护过程中应注重保持历史环境的整体性，避免因开发而破坏原有的历史景观和文化氛围。

2. 再生性设计

再生性设计是在保持历史文化遗产的基础上，通过创新设计和功能转换，使其能够适应现代生活需求，从而实现其新的使用价值。例如，将古宅改造为民宿、传统作坊改造为文化体验馆等，使其既能传承历史文化，又能满足现代生活需求。在进行再生性设计时，应注重保持历史建筑的原有结构和风貌，通过现代设计手法，赋予其新的生命力，使其能够在现代社会中继续发挥作用。

3. 文化活动的传承与创新

文化活动是地域特色的重要组成部分，通过传承和创新文化活动，可以增强乡村景观的文化内涵和吸引力。例如，在节庆活动、民俗表演等方面，可以结合现代元素，创新活动形式，使其更加符合现代人的审美和需求。同时，开展各种文化活动，可以促进当地居民的文化交流和互动，增强社区凝聚力，推动乡村文化的传承和发展。

（三）新空间布局形态

乡村的建筑形态和整体布局是人们直接感知乡村地域特色的对象。随着乡村的发展，传统乡村空间的结构和功能可能失去了往日的生机，因此需要通过更新空间布局形态，找到适合当地的特色发展道路。设计规划应包括保护区域和发展区域,针对不同区域采取不同的规划策略,以重新焕发乡村景观的活力,推动乡村经济发展。

1. 传统空间格局的保护

在空间布局形态的更新中,应注重保护传统乡村的空间格局和建筑风貌。例如,在贵州少数民族村寨的更新过程中,应保留传统的干栏式建筑布局和乡村村落整体结构。干栏式建筑是贵州少数民族的传统建筑形式,其独特的结构和风貌反映了当地的历史文化和生活方式。通过保护传统建筑和空间格局,可以保持乡村的历史风貌和文化内涵,使其能够继续传承和发展。

2. 现代功能的引入

在保护传统乡村的基础上,可以引入现代基础设施和公共服务设施,改善村民生活条件。例如,在传统乡村中建设现代化的水、电、道路等基础设施,提升村民的生活质量。同时,可以引入现代服务设施,如社区中心、文化活动室、医疗服务站等,为村民提供便捷的生活服务。在引入现代功能时,应注重与传统乡村的融合,通过科学规划和设计,使现代设施与传统建筑和空间格局相协调,保持乡村的整体风貌。

3. 新兴业态的培育

在发展区域,可以引入生态旅游、文化产业等新兴业态,通过合理的空间布局和功能配置,促进当地经济和社会的可持续发展。例如,在有旅游资源的乡村,可以开发生态旅游项目,如农家乐、生态观光等,吸引游客前来体验乡村生活,增加村民的收入。同时,通过发展文化产业,如传统手工艺品制作、传统文化表演等,丰富乡村的经济业态,提升乡村的文化内涵和吸引力。在培育新兴业态时,应注重保护自然环境和传统文化,通过科学规划和管理,实现经济发展与环境保护的协调统一。

(四)整合地域文化

一个地域的文化主要包括该地域的传统民俗习惯以及生活生产方式,这些在物质基础之上形成的意识形态是地域文化的重要组成部分,直接影响着该地域的文化景观和自然景观的发展。地域的自然和人文环境是形成地域特色的重要因素,直接反映在该地域的传统文化方面。

1. 文化背景的综合分析

在对地域文化进行有效分析时，需要从宏观角度了解整个地域的传统和时代精神，并从传统文化的角度进行有效切入，将人与社会、环境进行有效结合，找出三者之间的联系，并从不同角度对地域文化发展的背景和意义进行综合分析。例如，在分析徽州文化时，不仅要关注其建筑风格和文人墨客的历史，还要了解其独特的家族制度、商业传统和教育理念，从而全面把握徽州文化的精髓。

2. 传统文化的继承与发展

在继承传统文化的基础上，通过创新利用文化资源，可以增强乡村景观的吸引力和竞争力。例如，可以将传统的手工艺品制作工艺与现代设计相结合，开发出具有地域特色的文化产品。通过举办文化创意活动，如文化节、艺术展览等，吸引游客和文化爱好者前来参观和体验，提升乡村的文化影响力和知名度。在创新利用文化资源时，应注重保护和传承传统文化，通过科学规划和管理，确保文化资源的可持续利用。

四、地域特色要素的设计表达

（一）自然要素的设计表达

1. 把握地域自然特征，充分利用自然肌理

地域特色景观的存在价值在于满足生活需求，其主要组成部分是自然要素，且这些要素是景观设计的主要参考对象。直观的自然要素特征，是景观与地域相融的主要方面，具有控制性作用。地域景观的自然肌理是历史的积淀，是表达景观整体形态或设计灵感的重要来源。重要的自然肌理常常对景观设计起到决定性作用，尤其是具有历史鉴证价值的肌理形态，它是控制地域景观的重要命脉。

中国的乡村景观在历史的长河中与周边的山水环境逐步磨合、演变。乡村特有的自然肌理是区别于城市的最重要的景观标志，也是乡村景观最具有美学价值的一面。设计师应充分把握和利用这些自然肌理，以展现乡村景观的独特魅力。例如，在设计中，可以保留和修复原有的自然地形，如山谷、河流、丘陵等，使其成为景观设计的核心要素。同时，通过运用当地植被和自然材料，

如竹子、木材、石材等，增强景观的自然感和本土特色。

2.提炼自然要素，塑造地域特色的自然空间

对地域自然特征的把握，不是简单的要素提炼或形式的照搬，而是要认知地域的自然肌理，把握地域的历史发展过程与演变规律，从本质上保留地域自然的特征。地域自然特征的设计表达不仅是设计行为本身，还是通过整合地域自然要素，在整体上把握地域景观的统一性，从而使设计本身成为凸显地域自然特征的途径。例如，西南地区的梯田不仅是农业生产的空间，更是当地自然和人文历史的象征。在设计中，可以通过对梯田结构的修复和保护，保持其独特的地形特征，同时结合现代农业技术，提升其生产效率和生态功能。此外，通过合理的植被配置，如种植当地特有的农作物和果树，能够增强梯田景观的视觉效果和生态效益。

（二）人文要素的设计表达

1.更新民居建筑

更新民居建筑的目标在于保持乡村文化气息和乡村风貌，塑造区别于城市的乡村体验。更新民居建筑需要考虑以下几个方面：

（1）保持乡村文化气息和风貌

保持乡村文化气息和风貌是更新民居建筑的首要任务，通过保留和修复传统民居，保持乡村的文化特色和历史记忆。例如，在南方水乡地区，可以保留具有地方特色的青瓦白墙、木质结构和雕花窗棂等元素，使新建筑与传统建筑风格相协调。

南方水乡地区的传统建筑以青瓦白墙、木质结构和雕花窗棂为典型特征，这些元素不仅具有美学价值，还承载了丰富的历史文化内涵。在更新建筑时，应尽量保留这些传统元素，并通过修复和维护，恢复其原有的风貌。例如，可以对老旧的木质结构进行加固和保护，使其继续发挥支撑作用；对受损的青瓦进行更换，恢复屋顶的整体美观性；对雕花窗棂进行清理和修复，保留其精美的装饰效果。此外，还可以通过现代技术手段，对传统建筑进行适当的改造和升级，使其既能保留传统风貌，又能满足现代生活需求。例如，可以在传统建筑内部增设现代化的水电设施，提高居民的生活便利性；通过科学的通风和采光设计，提升室内的居住舒适度。同时，在建筑外观设计上，可以运用现代材

料和工艺,将传统的青瓦白墙与现代的玻璃幕墙、钢结构相结合,形成既有传统特色又具现代感的建筑风貌。

(2)结合基地形态的建筑布局

结合基地形态的建筑布局是更新民居建筑的重要原则,尽可能使用当地的传统材料,应用当地的建造技术,节约用地,有利于保持原有的乡土性和地方特色,保护自然生态环境。例如,在北方黄土高原地区,可以采用土坯、砖瓦等传统材料,结合当地的窑洞建筑技术,建造既节能环保又具地方特色的民居。

北方黄土高原地区的传统民居多采用土坯、砖瓦等材料建造,这些材料不仅取材方便、成本低廉,而且具有良好的保温隔热性能,适应当地的气候条件。在更新建筑时,可以继续使用这些传统材料,通过科学的建造技术,提高建筑的结构强度和耐久性。例如,可以采用改进的土坯制作工艺,使其更加坚固耐用;通过合理的砖瓦砌筑技术,提升墙体的抗震性能。

窑洞是黄土高原地区的典型建筑形式,其独特的结构和布局不仅具有良好的节能效果,还能够与自然环境有机融合。在更新建筑时,可以结合窑洞的建筑特点,通过科学的规划设计,使其既能保留传统特色,又能满足现代生活需求。例如,可以在窑洞的基础上增设现代化的采光和通风系统,提升室内的居住舒适度;通过合理的空间布局增加室内的使用功能和储物空间。此外,还可以通过景观设计,将建筑与周边的自然环境有机结合,形成和谐的整体景观。例如,可以在建筑周围种植当地植被,形成自然的绿色屏障;通过设置生态廊道和景观节点,提升建筑的景观效果和生态功能。

(3)提取传统建筑符号

提取传统建筑符号是更新民居建筑的重要设计手法,对建筑符号加以整理,通过体块之间虚实相间、高低错落的有机结合,创造出既有地方特色又有鲜明时代感的新建筑形式。例如,可以结合现代建筑技术,将传统的庭院、廊道等元素融入新建筑设计中,形成独具特色的乡村建筑风貌。

在提取传统建筑符号时,可以从以下几个方面进行:

①庭院

庭院是传统民居的重要组成部分,它不仅为居民提供了户外活动空间,还具有调节气候、净化空气等功能。在更新建筑时，可以保留和改造庭院，通过科学布局和设计，提升庭院的使用功能和景观效果。例如，可以在庭院中增设花坛、绿地、休闲座椅等设施，形成宜人的居住环境；通过合理的植物种植，提升庭院的绿化效果和生态功能。

②廊道

廊道是传统建筑中的重要元素，具有连接空间、遮风挡雨等功能。在更新建筑时，可以通过改造和创新设计，将廊道融入新的建筑形式中，形成既有传统特色又具现代感的建筑风貌。例如，可以通过现代材料和工艺，设计出具有透明感和轻盈感的廊道，使其既能保留传统的功能，又能与现代建筑相融合。

③装饰

传统建筑中的装饰元素，如雕花、彩绘图案等，不仅具有美学价值，还承载了丰富的文化内涵。在更新建筑时，可以通过提取和创新这些装饰元素，增强建筑的艺术效果和文化氛围。例如，可以将传统的雕花图案应用于建筑的立面设计，通过现代的工艺和材料，使其更加精致和耐久，再通过彩绘和壁画，丰富建筑的视觉效果和文化内涵。

2.改造公共空间

公共空间的改造在乡村景观设计中起着至关重要的作用，包括乡村的街巷空间、乡村旅游景区入口的空间、交通道路空间等。这些空间的设计应以满足人们的需求和愿望为前提，注重空间的秩序性和节奏感，以人性化尺度为标准，进行细部设计。现代乡村的公共空间主要包括乡村主题空间和道路交通景观空间。以下是对这些空间的具体改造措施的详细分析。

（1）乡村街巷空间

乡村街巷是居民日常活动的重要场所，其使用功能和景观品质直接影响居民的生活质量。首先，通过增加休闲座椅、绿化景观和照明设施，可以显著提升街巷的舒适度和安全性。例如，在街巷中设置具有乡土特色的座椅和植物，不仅提供了休息的空间，还可以美化环境。照明设施的合理布置则能够提高夜间的可见度，增加居民的安全感。其次，整治和美化街巷空间对提升乡村的整体形象和吸引力具有重要意义。可以通过铺设具有地方特色的地面材料，如石板路或砖瓦路，增加街巷的视觉层次感。同时，在街巷的墙面上，可以绘制当地的风俗画或历史故事，增添文化氛围。最后，设立小型公共艺术品，如雕塑和壁画，也能起到美化空间的作用。这些措施不仅能改善居民的生活环境，也为游客提供了独特的视觉体验，提升乡村的旅游吸引力。

（2）乡村旅游景区入口空间

旅游景区入口是游客对乡村的第一印象，应通过精心设计提升其标识性和引导性。可以在入口处设置具有地方特色的景观元素，如传统的牌坊、雕塑和文化墙等。这些元素不仅可以传递地方文化信息，还能增强游客的认同感。例如，设计一个融合当地传统建筑风格的牌坊，既可以作为标志性建筑，又能引导游客进入景区。此外，导览设施的设置也是提升景区入口空间景观的重要内容。可以在入口处设立详细的景区导览图和指示牌，帮助游客快速了解景区的布局和主要景点。为了增强互动性，可以设置电子导览设备或手机扫码导览系统，让游客通过现代科技手段获取更多的信息。同时，入口处的绿化设计也不可忽视，可以种植当地特色植物，形成一个自然过渡区，提升游客的视觉体验和舒适度。

（3）交通道路空间

交通道路是连接乡村各个功能区的重要通道，其规划和设计直接关系乡村的通行能力和景观品质。首先，在道路两侧设置绿化带和景观节点，可以形成绿色廊道，改善道路的生态环境。例如，在绿化带中种植不同层次的植物，如乔木、灌木和地被植物，形成丰富的植物景观。同时，在重要的交叉口和节点处设置小型景观，如花坛和雕塑，增加道路的视觉亮点。其次，优化道路路网结构，提升道路的通行效率和安全性也是改造交通道路空间的关键。可以通过科学的交通流量分析，合理规划道路的宽度和走向，避免交通拥堵和安全隐患。最后，设置人行道和非机动车道，保障行人和骑行者的安全。为了增强道路的可识别性，可以在路面上设置具有导向功能的标志和标线，提升驾驶员的行车体验。

3. 营造标志性景观

营造标志性景观是表达地区特色的基本要求，其在环境设计中的应用具有重要意义。通过提炼当地特色的景观元素，并运用新的设计手法，将其应用到乡村景观的设计规划中，可以营造出独具特色的标志性景观。这不仅能够提升地方形象,还能促进旅游业的发展,增强当地居民的认同感和自豪感。以下是对提炼特色景观元素和应用新的设计手法的详细分析。

(1)提炼特色景观元素

提炼特色景观元素是标志性景观设计的基础。通过深入挖掘和分析当地的自然和人文资源,可以发现具有代表性的景观元素,并将其巧妙地融入景观设计中。例如,江南水乡地区的河道、桥梁、廊亭等元素具有浓郁的地方特色,可以通过精细的设计,形成独具特色的水乡景观。在这些元素中,河道是江南水乡的灵魂,通过对河道的整治和美化,可以营造出宁静而富有诗意的水乡氛围。桥梁是连接水乡的重要纽带,可以通过设计不同风格的桥梁,如石拱桥、木桥等,增加景观的多样性。廊亭是水乡居民休息和观景的场所,通过对廊亭进行造型设计和装饰,可以增强景观的文化内涵。

在北方草原地区,蒙古包、草原、牧场等元素是草原景观的代表。蒙古包作为草原居民的传统居所,具有独特的建筑形式和文化内涵。通过对蒙古包进行改造和装饰,可以形成具有视觉吸引力的景观节点。草原是草原地区的主要自然景观,通过对草原进行保护和管理,可以营造出一望无际的自然景象。牧场是草原居民生产生活的重要场所,通过对牧场进行规划和设计,可以形成富有生机和活力的景观空间。

(2)应用新的设计手法

在景观设计中,创新设计手法的应用可以使传统景观元素焕发出新的生命力。通过将传统景观元素与现代设计理念相结合,可以设计出既有地方特色又具现代感的标志性景观。例如,可以利用现代材料和工艺,将传统的石雕、木雕等艺术形式融入景观设计中,形成具有视觉冲击力的景观作品。在江南水乡地区,可以加入现代材料如不锈钢、玻璃等,重新诠释传统的桥梁和廊亭设计,形成既保留传统风格又具有现代感的景观作品。此外,数字技术和智能化设备的应用可以为景观设计带来更多的创新空间。通过使用数字技术,可以对传统的景观元素进行三维建模和虚拟现实展示,增强设计的直观性和互动性。在乡村景观设计中,可以设置智能化的导览系统,通过手机软件或智能设备,提供详细的景观信息和互动体验。例如,在江南水乡的河道边,可以设置智能导览设备,游客通过扫描二维码,可以了解河道的历史和文化背景,增加旅游的趣味性和体验感。

4.绿地系统的设计

绿地系统是乡村地域的标志，起到了标志季相更替、柔化硬质景观、创造意境氛围、丰富空间层次和场景等多重作用。合理设计绿地系统是保持乡村特色景观风貌的基础，在设计中应重点抓好村旁、河旁、路旁和宅旁的绿地植物种植，科学规划和设计，形成独具特色的乡村绿地系统。

（1）村旁绿地

村旁绿地是乡村与自然环境的过渡区域，其设计应注重形成生态屏障和景观缓冲带。首先，通过科学规划，可以在村旁种植本地的乔木、灌木和草本植物，形成多层次的绿化景观。例如，选择耐旱的乡土树种如白蜡、杨树，以及灌木如丁香、蔷薇等，构建具有地方特色的植物群落。这不仅能够美化环境，还能增强生态稳定性，提供栖息地和食物源，促进生物多样性。其次，村旁绿地还可以通过设置生态廊道和湿地来提升其生态功能和景观价值。生态廊道可以连接村旁绿地和周边自然区域，形成连续的生态网络，促进物种迁徙和基因交流。湿地的设置则有助于水质净化和洪水调节，同时形成独特的湿地景观，增加乡村的观赏价值。例如，在村旁低洼地带，可以设计人工湿地，种植芦苇、香蒲等湿地植物，形成自然的生态景观。

（2）河旁绿地

河旁绿地是河流与陆地的交界区域，其设计应注重形成生态走廊和景观带。首先，可以在河旁种植耐水性植物和湿地植物，如水葱、黄菖蒲等，形成绿色护岸。这些植物不仅能够固定土壤，防止水土流失，还能通过根系净化水质，提升河流的生态功能。其次，通过设置步道、栈桥等设施，提升河旁绿地的可达性和景观品质。步道和栈桥可以沿河布置，既方便居民和游客亲近自然，又保护了河岸生态环境。例如，在河旁绿地中设计蜿蜒的步道，配以观景平台和休憩设施，使人们能够在步行过程中欣赏河岸风光，增强人与自然的互动。最后，河旁绿地还可以通过设计景观小品和文化设施，增加景观的趣味性和文化内涵，如设置历史文化墙、雕塑等，展示地方文化特色。

（3）路旁绿地

路旁绿地是道路两侧的绿化区域，其设计应注重形成绿色廊道和景观节点。

首先,可以在路旁种植行道树和花卉,形成四季常绿、花开不断的景观效果。例如,选择乡土树种如银杏、梧桐等作为行道树,搭配季节性花卉如月季、郁金香等,营造出色彩斑斓的道路景观。这不仅美化了道路环境,还能起到降尘、降噪的作用,提高行车和步行的舒适度。其次,可以通过设置景观小品和休闲设施,提升路旁绿地的景观吸引力和使用功能。例如,在路旁绿地中设置石雕、花坛、喷泉等景观小品,增加视觉亮点;配置座椅、凉亭等休闲设施,方便行人休憩和交流。这些设计既丰富了路旁绿地的功能,又增强了其美观性和吸引力。

(4)宅旁绿地

宅旁绿地是居民住宅周围的绿化区域,其设计应注重形成绿色庭院和生活景观。首先,可以在宅旁种植果树、蔬菜和花卉,形成生产与景观相结合的庭院景观。例如,在庭院中种植苹果树、梨树等果树,不仅能提供新鲜的水果,还能美化环境;种植蔬菜如番茄、辣椒等,既可供家庭食用,又增加了庭院的绿化面积。此外,种植花卉如玫瑰、菊花等,增添庭院的色彩和芳香,使居民能够感受到四季变化的美丽。其次,通过设置座椅、花架等设施,提升宅旁绿地的使用舒适度和美观度。座椅的设计可以结合庭院的整体风格,采用木质、石质等不同材质,提供舒适的休息空间;花架可以用于种植攀缘植物,如葡萄、牵牛花等,增加庭院的立体绿化效果。这些设计不仅能美化住宅周围的环境,还能提升居民的生活质量,营造出温馨宜人的居住氛围。

第六章　科技在乡村景观设计中的应用

第一节　现代科技在景观设计中的作用

一、现代科技的发展与应用

现代科技的快速发展对各行各业产生了深远的影响，景观设计领域也不例外。从最初的手工绘图到计算机辅助设计（CAD）的引入，再到如今的虚拟现实（VR）、增强现实（AR）和地理信息系统（GIS）等技术，景观设计的工具和方法不断更新，极大地提升了设计的效率和精确度。

（一）计算机辅助设计（CAD）

计算机辅助设计（CAD）是景观设计领域最早引入的现代科技之一。CAD技术使设计师能够在数字平台上进行精确的绘图和修改，大大提高了设计效率。通过CAD设计软件，设计师可以轻松地进行各种设计元素的组合与调整，迅速生成设计方案并进行优化。CAD技术的应用不仅使设计过程更加直观和灵活，还允许设计师在短时间内尝试多种设计方案，提高了设计的创新性和多样性。CAD技术的发展还促进了其与其他设计软件的集成，如建筑信息模型（BIM）和地理信息系统（GIS），实现了跨学科的设计协同。

（二）地理信息系统（GIS）

地理信息系统（GIS）技术通过对地理数据的收集、管理、分析和展示，为景观设计提供了重要的数据支持。设计师可以利用GIS技术进行土地利用分析、生态环境评估、景观变化监测等，从而制定更加科学合理的设计方案。GIS技术的核心优势在于其强大的数据处理能力和空间分析功能，能够处理大量复杂的地理信息，并生成详细的空间分析结果。例如，在乡村景观设计中，GIS 技术可以帮助设计师确定适宜的种植区域、分析水资源分布、评估生态敏感区等，为景观规划提供科学依据。

（三）虚拟现实（VR）和增强现实（AR）

虚拟现实（VR）和增强现实（AR）技术的引入使设计师能够在虚拟环境中进行设计和展示，为客户提供沉浸式的体验。通过 VR 和 AR 技术，设计师可以模拟景观设计的效果，帮助客户更直观地理解和感受设计方案。VR 技术允许用户在虚拟空间中漫步，体验设计的空间感和景观布局，而 AR 技术则能够将虚拟设计叠加在真实环境中，直观地展示设计方案的实际效果。这些技术不仅提高了设计沟通的效率，还增强了客户参与设计过程的积极性和体验感，有助于设计方案的优化和完善。

二、科技对乡村景观设计的影响

（一）提高设计效率与精确度

1. GIS 技术在景观设计中的应用

地理信息系统（GIS）技术通过对地理数据的收集、管理、分析和展示，为景观设计提供了翔实的基础数据和科学的决策支持。传统的手工测量和绘图过程费时费力，且容易出错，而 GIS 技术能够快速处理大规模的地理信息，生成精确的地形图和环境分析报告。例如，在乡村景观设计中，GIS 技术可以用于测量土地的坡度、分析水资源的分布、评估土壤的肥力等。这些数据不仅为设计师提供了准确的设计依据，还能帮助他们更好地理解和利用乡村的自然资源。此外，GIS 技术还具有强大的空间分析功能，可以进行土地利用规划、生态环境评估、灾害风险分析等。例如，在进行乡村绿地系统规划时，设计师可以利用 GIS 技术分析绿地的分布和连通性，确定绿地的合理布局和规模，以提高乡村生态系统的整体功能和效益。

2. CAD 技术在景观设计中的应用

计算机辅助设计（CAD）技术能够帮助设计师快速、精确地绘图和修改，大大提高设计效率。设计师可以在短时间内利用 CAD 设计软件尝试多种设计方案，提高了设计的创新性和多样性。

在乡村景观设计中，设计师可以利用CAD技术生成详细的景观设计图，并与BIM技术结合，进行建筑和景观的综合设计，实现设计方案的无缝衔接和优化。

3. BIM技术在景观设计中的应用

建筑信息模型（BIM）技术通过数字化的方式对建筑物和基础设施进行建模和管理，为景观设计提供了详细的建筑信息，实现了景观设计与建筑设计的无缝衔接。通过BIM技术，设计师可以建立景观的三维模型，进行设计方案的模拟和优化。BIM技术可以模拟景观设计的空间布局、功能分区、景观效果等，帮助设计师优化设计方案。例如，在乡村景观设计中，设计师可以利用BIM技术对景观和建筑进行综合设计，考虑景观与建筑的相互关系，优化景观布局，提高景观设计的整体效果和功能。BIM技术还可以用于景观设计的施工管理和维护管理，提高施工的效率和质量，减少施工过程中的错误和浪费，实现景观设计的可持续发展。

（二）促进创新设计

1. 虚拟现实（VR）技术激发创新思维

虚拟现实（VR）技术的引入使设计师能够在虚拟环境中进行设计和展示，为客户提供沉浸式的体验。通过VR技术，设计师可以模拟景观设计的效果，帮助客户更直观地理解和感受设计方案。VR技术允许用户在虚拟空间中漫步，体验设计的空间感和景观布局，观察景观在不同光照、天气和季节条件下的表现，从而优化设计细节和效果。例如，在乡村景观中，设计师可以利用VR技术创建虚拟的乡村景观，展示设计方案的全貌，让客户直观地感受设计的美感和功能。客户可以依据虚拟环境中的体验提出意见和建议，帮助设计师优化和完善设计方案，提高设计的创新性和客户的满意度。

2. 增强现实（AR）技术推动设计创新

增强现实（AR）技术通过将虚拟设计叠加在真实环境中，直观地展示设计方案的实际效果。AR技术不仅提高了设计沟通的效率，还增强了客户参与设计过程的积极性和体验感，有助于设计方案的优化和完善。例如，在乡村景观设计中，设计师可以利用AR技术将设计方案叠加在真实的乡村环境中，让客户直观地看到设计方案的实际效果。客户可以通过 AR 设备，如智能手机或平板电脑，实时观察设计的变化和效果，提出改进意见，帮助设计师优化设计方案，提高设计的创新性。

3. 现代科技推动设计理念创新

现代科技的应用不仅改变了设计工具和方法，还促进了设计理念的创新。设计师可以利用现代科技探索新的设计理念和方法，如可持续设计、生态设计、智能设计等。例如，通过 GIS 技术，设计师可以进行生态环境分析，确定景观设计的生态功能和效益，提高景观设计的生态价值。通过 BIM 技术，设计师可以进行智能设计，优化景观与建筑的综合设计，提高设计的智能化水平和功能。

现代科技还促进了设计师与其他专业的跨学科合作，如与生态学、环境科学、建筑学等学科的合作，实现了景观设计的综合优化和创新。

（三）增强公众参与

1. 数字平台促进公众参与

现代科技的应用使景观设计过程更加透明，互动性更强，公众可以通过数字平台参与设计过程，提出意见和建议，促进设计方案的优化和完善。在传统的设计过程中，公众往往只能在设计完成后提出反馈，缺乏参与设计过程的机会。而现代科技的应用，如通过 AR 和 VR 技术，公众可以在设计的早期阶段就参与其中，体验和评价设计方案。

例如，在乡村景观设计中，设计师可以利用数字平台，如社交媒体、设计网站等，发布设计方案，邀请公众参与讨论和评价。公众可以通过数字平台提出意见和建议，帮助设计师优化设计方案，提高设计的公众满意度和认可度。

2. 公众参与促进设计优化

通过现代科技，设计师可以与公众进行实时互动，收集公众的意见和建议，促进设计方案的优化和完善。例如，通过 VR 技术，公众可以在虚拟环境中体验设计方案，提出改进意见，帮助设计师优化设计细节和效果。通过 AR 技术，公众可以在真实环境中观察设计方案的实际效果，提出改进意见，帮助设计师优化设计方案，提高设计的实际效果和公众满意度。

现代科技还促进了设计师与公众的合作和交流，如通过在线论坛、虚拟会议等，设计师可以与公众进行实时交流，收集公众的意见和建议，优化设计方案。例如，在乡村景观设计中，设计师可以利用虚拟会议技术，与乡村居民、社区组织等进行实时交流，了解公众的需求和期望，以优化设计方案，提高设计的公众满意度和认可度。

3. 科技赋能公众教育和宣传

现代科技还推动了公众教育和宣传，提高了公众对景观设计的认识和理解。例如，通过数字平台，设计师可以发布景观设计的相关信息和资料，如设计理念、设计方法、设计案例等，向公众宣传景观设计的相关知识。

设计师还可以利用现代科技组织公众参与教育和宣传活动，如在线讲座、线上参观等，提高公众对景观设计的兴趣和参与度。例如，在乡村景观设计中，设计师可以利用线上参观技术，组织公众参观虚拟的乡村景观，了解乡村景观设计的过程和成果。

第二节 数字化技术与乡村景观设计

一、数字化技术的概述

数字化技术是指利用计算机和其他数字设备对信息进行采集、处理、存储、传输和展示的技术。随着信息技术的发展，数字化技术在各个领域得到了广泛应用。在乡村景观设计中，数字化技术主要包括地理信息系统（GIS）、遥感技术（RS）、建筑信息模型（BIM）等。

（一）地理信息系统（GIS）

地理信息系统（GIS）是一种强大的数字化技术，通过对地理数据的采集、管理、分析和展示，为景观设计提供了重要的支持。GIS 技术能够整合多种数据源，如地形、土壤、水文、植被等，为景观设计提供全面的数据基础。这些数据源可以通过遥感技术、现场勘测等方式获取，并通过 GIS 平台进行集成和分析。例如，设计师可以利用 GIS 技术生成详细的地形图，分析土壤的类型和分布，评估水资源的可利用性，了解植被的种类和覆盖率等。

GIS 技术的应用不仅提高了景观设计的科学性和精确度，还为设计方案的制定和优化提供了有力支持。例如，通过 GIS 技术分析乡村地区的土壤适宜性，可以确定适合种植的植物种类，优化植物配置，提高景观设计的生态功能和美观性。

（二）遥感技术（RS）

遥感技术（RS）通过卫星、航空器等对地表进行观测，获取地表的影像和数据。RS 技术可以提供大范围、高分辨率的地理信息，为景观设计提供重要的参考数据。例如，设计师可以利用 RS 技术获取乡村地区的土地覆盖情况、水资源分布、植被类型等信息，进行全面的环境评估和分析。

RS 技术的优势在于其大范围观测和高分辨率数据获取能力。通过遥感影像，设计师可以直观地观察乡村地区的地貌特征、生态环境变化等，为景观设计提供详细的背景信息。例如，通过分析遥感影像，可以识别出乡村地区的自然保护区、生态敏感区等重要区域，为景观的保护和利用提供科学依据。

（三）建筑信息模型（BIM）

建筑信息模型（BIM）技术通过数字化的方式对建筑物和基础设施进行建模和管理，为景观设计提供了详细的建筑信息，实现了景观设计与建筑设计的无缝衔接。BIM 技术可以建立详细的三维模型，模拟景观设计的空间布局、功能分区、景观效果等，帮助设计师优化设计方案。

BIM 技术的应用不仅提高了景观设计的精确度和效率，还促进了跨学科的协同设计。例如，在乡村景观设计中，设计师可以利用 BIM 技术与建筑师合作，进行建筑与景观的一体化设计，实现设计方案的无缝衔接和综合优化。此外，BIM 技术还可以用于景观设计的施工管理和维护管理，提高施工的效率和质量，实现景观设计的可持续发展。

二、数字化技术在乡村景观设计中的创新应用

（一）建立数字化乡村发展平台

1. 数字化乡村建设的重要性

数字技术的发展正在影响着各行各业，数字化乡村的建设也是建立数字中国的重要部分。目前，数字化逐渐深入乡村的生产生活、教育医疗、养老康养、乡村旅游等各方面。数字化乡村发展平台的建设势在必行，可以针对不同地区的乡村进行实地调研，统计乡村目前的规划和公共服务设施的建设情况，按村民需求程度和乡村发展目标划分等级，并实时更新，逐步完善乡村总体规划和公共服务设施建设体系。

2. 数字化乡村发展平台的功能

数字化乡村发展平台可针对不同人群进行划分，如县级管理人员页面属于大纲式，可帮助管理人员随时关注不同乡镇的情况，也可设置时间段进行更新和提醒；乡级管理人员页面属于概括式，可帮助管理人员随时关注不同乡村的情况，也可下发任务；村级管理人员页面属于详细式，可帮助管理人员随时更新本村的发展情况，并分板块进行管理，如乡村简介、村民家庭情况、街道卫生管理、公共设施使用需求、村民生产生活情况、村民集会和文化活动、农业生产信息交流、乡村教育医疗、村民问题解决等。

3. 数字化乡村发展平台的推广与使用

数字化乡村发展平台的使用，需以老年人和小孩子为主，进行集中培训、宣传。针对无法使用平台的村民，可使用传统广播、家庭访谈的方式进行推广。通过集中培训，村民可以学习如何使用平台，获取所需信息，提高参与乡村建设的积极性和能力。同时，通过家庭访谈等传统方式，确保所有村民都能参与到乡村发展中，共同推动乡村振兴。

（二）乡村景观规划与公共服务设施建设

1. 乡村景观规划的整体思路

乡村景观规划与公共服务设施建设是乡村振兴整体战略的重要组成部分，需从全局和长远角度进行思考和设计。在规划过程中，不仅要关注单个乡村的独立规划，更要统筹考虑周边乡村之间的关系与协调。具体而言，乡村景观规

划需要以乡镇为单位，系统地规划和建设重点村、特色村和辐射村，通过科学的总体空间布局，优化各类公共服务设施的分布与功能。此外，还需结合道路交通规划，提升乡村间的互联互通，实现资源的合理配置和高效利用。

在整体规划中，应首先明确各乡村的功能定位与发展方向，利用乡村的独特资源，打造各具特色的乡村群落。重点村应成为乡镇的示范和引领区域，通过高水平的景观规划和完善的公共服务设施，带动周边乡村的发展。特色村则应依托自身独特的自然和人文资源，形成独具特色的景观和产业布局。辐射村应通过连接重点村和特色村，实现资源和服务的辐射与共享。此外，乡村景观规划还应注重生态环境保护和可持续发展。要在保护原有自然景观和生态系统的基础上，通过科学的规划设计，优化景观结构，提升景观的美学价值和生态功能。景观规划还应融入现代科技手段，如 GIS、RS 等技术，提升规划的科学性和精细化水平。

2. 景观构成要素的分类与规划

景观构成要素的合理分类与规划，是实现乡村景观整体协调发展的关键。根据构成要素的不同属性，可将乡村景观分为自然景观、人文景观和经济景观三大类。自然景观包括山地、水体、植物和农业景观等，是乡村生态环境的重要组成部分；人文景观包括格局形态、居民生活、城市建筑、文化活动空间和非物质文化等，反映了乡村的社会文化和生活方式；经济景观则涵盖了产业布局和旅游资源等，是乡村经济发展的重要支撑。

在规划自然景观时，应注重保护和利用乡村的自然资源，通过科学的规划设计，提升自然景观的生态功能和美学价值。例如，在山地景观规划中，应结合地形特点，进行合理的土地利用和植被配置，防止水土流失和生态破坏。在水体景观规划中，应注重水资源的保护和利用，通过河道整治和湿地建设，提升水体的生态功能和景观价值。在植物景观规划中，应结合乡村的气候和土壤条件，选择适宜的植物种类，进行科学的配置和管理，提升乡村的绿化水平和生态功能。

人文景观的规划应结合乡村的历史文化和居民生活，通过合理的布局和设计，提升人文景观的文化内涵和美学价值。例如，在格局形态景观规划中，应保留和保护传统乡村的格局和风貌，通过适当的修缮和改造，提升乡村的整体形象。在生活景观规划中，应注重居民生活空间的设计和改善，通过合理的布局和设施配备，提升居民的生活质量和幸福感；在街巷景观规划中，应注重街巷的整治和美化，通过合理的铺装和绿化，提升街巷的景观效果和通行功能。

经济景观的规划应结合乡村的资源禀赋和产业基础，通过科学的规划设计，优化产业布局，提升经济景观的功能和效益。例如，在产业布局规划中，应结合乡村的资源优势和市场需求，合理布局农业、工业和服务业等产业，实现产业的集聚和协同发展。在旅游资源规划中，应结合乡村的自然和人文资源，通过科学开发和利用，提升乡村旅游的吸引力和竞争力。

数字化乡村景观规划是现代乡村景观规划的重要发展方向。利用数字化手段和技术，如BIM、GIS等技术，可实现各类景观构成要素的科学规划和精细化管理。同时，还可结合数字景观、智能景观和元宇宙景观等前沿技术，在规划设计中引入实时记录、更新和互动功能，提升乡村景观的智能化和数字化水平。

3.公共服务设施建设的数字化

数字化公共服务设施建设是提升乡村公共服务水平和管理效率的重要手段。除了基础的移动通信、宽带通信和电视等信息网络外，还应运用BIM等先进技术，整合和改造乡村的道路、水电、能源和物联网等生活设施，建设设施监控和维护平台，充分利用数字技术，实现设施的智能化和数字化管理。

在道路和交通设施的数字化建设中，可通过引入智能交通管理系统，提升道路的通行效率和交通的安全水平。例如，可通过安装智能交通信号灯和监控设备，实现交通流量的实时监测和管理。在道路建设中，可引入智能路面材料和技术，提升道路的耐久性和安全性。

在水电和能源设施的数字化建设中，可通过建设智能水务系统和智能电网，实现水质、水量和能源使用情况的实时监测和管理。例如，智能水务系统可通过传感器和数据分析技术，实时监测水质和水量，及时发现和处理水污染和水资源浪费问题；智能电网可通过智能计量和监控设备，实时监测能源的使用情况，提升能源的使用效率和安全性。

在物联网设施的数字化建设中，可通过建设智能物联网平台，实现各类设施的互联互通和智能化管理。例如，可通过安装智能传感器和控制设备，实现道路、照明和垃圾处理等设施的智能化管理。在设施监控和维护平台建设中，可通过引入人工智能和大数据分析技术，实现设施的预警和故障诊断，提升设施的管理和维护效率。

数字化公共服务设施建设还应注重平台的整合和协同，通过建设综合性的设施管理平台，实现各类设施的统一管理和协调运作。例如，可通过建设智慧乡村综合管理平台，整合各类设施的管理和监控系统，实现数据的共享和信息的互通，提升公共服务设施的管理效率和服务水平。

（三）乡村生态建设

1. 生态环境保护的重要性

自然生态环境是人类生存和发展的基础，对生态环境的保护不仅关系到当前人们的生活质量，更影响到未来社会的可持续发展。乡村的生态环境具有独特的价值。然而，近年来的开发建设活动，包括农业生产、工业发展和基础设施建设等，致使乡村的生态环境受到了不同程度的影响。虽然相较于城市，乡村生态环境的破坏程度较低，但乡村生态环境同样需要重视和保护。

乡村生态环境保护的重要性不仅体现在其对村民生活质量的直接影响上，还体现在其作为生态系统整体的一部分，以及对区域乃至全球生态平衡的贡献上。乡村生态环境包括土地、森林、水源和生物多样性等多个方面，这些要素共同构成了一个稳定而健康的生态系统。保护乡村生态环境，能够有效防止水土流失、减少自然灾害的发生频率和强度、保护生物多样性以及提高农业生产的可持续性。

在乡村景观规划过程中，应将生态环境保护作为核心内容，通过科学合理的规划和管理措施，维护和改善乡村生态环境。具体措施包括严格控制建设用地规模，保护原有自然景观和生态系统；加强生态恢复和修复工作，对已经受到破坏的生态环境进行修复和重建；推广绿色建筑和低影响开发技术，减少对生态环境的负面影响；增强公众环保意识，鼓励公众积极参与生态环境保护工作。

2. 生态环境监测与治理

在数字化发展背景下，生态环境监测与治理成为乡村生态建设的重要内容。构建高效的生态环境监测系统，能够实时掌握环境变化情况，为环境治理提供科学依据和数据支持。通过智能监测系统，可以实时监控乡村空气质量、水质、土壤健康状况等关键指标，及时发现环境问题并采取相应的治理措施。

  生态环境监测系统应包括多种传感器和数据采集设备，能够实时采集和传输环境数据。监测内容应涵盖大气环境、水环境、土壤环境和生物多样性等多个方面。例如，通过设立空气质量监测站，可以实时监测空气中的PM2.5、PM10等污染物浓度；通过水质监测设备，可以监测河流、湖泊和地下水的水质变化；通过土壤监测设备，可以监测土壤的污染状况和健康状况。

  在环境治理方面，基于监测数据，制定科学合理的治理措施。例如，针对大气污染问题，可以采取植树造林、减少燃煤使用、推广清洁能源等措施；针对水污染问题，可以采取加强污水处理、禁止工业废水排放、保护水源地等措施；针对土壤污染问题，可以采取土壤修复、限制农药和化肥使用、推广有机农业等措施。此外，在数字化乡村发展平台上，及时发布环境监测数据和治理信息，通过展示栏、提示牌等设施，向村民和游客普及环保知识，培养他们的生态意识。呼吁每个人从小事做起、从现在做起，保护好赖以生存的生态环境，实现美丽乡村、生态乡村的建设目标。

  3.推行绿色发展方式

  绿色发展方式是实现乡村生态振兴的重要路径，通过合理利用自然资源，推动乡村的可持续发展。乡村整体规划应充分发挥自然资源优势并对其进行有效保护，使乡村实现可持续发展，为村民提供一个优美、干净、生态的生活环境，进而推动乡村生态振兴。

  推广使用清洁能源是绿色发展的重要举措之一。乡村应大力发展太阳能、风能等可再生能源，减少对化石能源的依赖。例如，在农田、屋顶等处安装太阳能板，利用太阳能发电，为村民提供清洁电力；在风力资源丰富的地区，建设风力发电站，利用风能发电。

  实施垃圾分类也是绿色发展的重要内容。乡村应建立完善的垃圾分类制度，引导村民进行垃圾分类处理，减少垃圾填埋和焚烧带来的环境污染。例如，可以设置分类垃圾桶，明确可回收垃圾、厨余垃圾和其他垃圾的分类标准，同时开展垃圾分类宣传和教育活动，增强村民的垃圾分类意识和参与度。

  建设生态农业是实现乡村绿色发展的重要途径。可以通过推广有机农业和生态农业技术，减少化肥、农药等化学品的使用，保护土壤和水源。例如，通过轮作和间作等农业技术，增加土壤肥力，减少病虫害；通过种植绿肥作物，改善土壤结构，增加有机质含量；通过综合防治技术，减少农药使用，维护生态系统的健康和稳定。此外，乡村还应注重生态旅游的发展，通过合理开发和利用旅游资源，推动乡村经济发展。例如，通过建设生态旅游景区，吸引游客参观和体验，增加村民收入；通过发展农家乐、生态度假村等形式，提供多样化的旅游服务，增加村民的就业机会；通过保护和展示传统文化和自然景观，提升乡村的旅游吸引力和竞争力。

（四）乡村文化空间建设

1. 乡土文化的挖掘与传承

乡村文化空间的建设离不开对乡土文化的挖掘、传承和创新。乡土文化是一个地方独特的文化印记，反映了地域环境、民族习俗和生活方式的多样性。每个乡村由于其地理位置、自然资源和历史发展过程的不同，形成了独特的乡土文化，这种文化不仅是乡村景观的重要组成部分，更是乡村社会的精神支柱。

乡土文化的挖掘与传承需要从多方面入手。首先，需要深入调研，了解乡村的历史背景、民族传统和生活习俗，通过记录和整理传统的民间故事、口述历史、地方戏曲等文化遗产，保护和传承乡土文化的精髓。其次，需要在乡村文化景观规划中充分考虑地域环境和村民需求，利用自然要素如山水、植被等，融合人文要素如民居、庙宇、牌坊等，构建具有地域特色的文化空间。最后，结合乡村的长远发展目标，将乡土文化与现代文化元素相结合，进行创新和发展，打造具有现代意义的乡村文化品牌。

在具体实施过程中，需要注重挖掘乡村的文化资源，如传统农耕技艺、民间工艺、地方美食等，通过文化展示和体验活动，增强村民的文化认同感和自豪感。同时，可以设立文化教育基地和传习所，开展各类文化培训和传承活动，培养文化传承人，确保乡土文化代代相传。

2. 文化景观规划

乡村文化景观规划是乡村振兴的重要内容，通过合理的规划设计，可以将乡村的文化资源转化为旅游资源和经济资源，提升乡村的吸引力和竞争力。在文化景观规划中，应从多个方面展开，包括传统农耕技艺、特色农业、传统节日、民俗风情、历史沿革、典型故事或事件、重要人物、乡愁乡情等。

传统农耕技艺和特色农业是乡村文化的重要组成部分，通过展示和体验这些传统技艺，可以吸引游客和学者前来观光和研究，促进乡村旅游的发展。传统节日和民俗风情则是乡村文化的活态表现，通过举办各类节庆活动和民俗表演，可以增强村民的文化认同感，同时吸引游客参与，促进文化交流和互动。

在文化景观规划中，基于数字化发展手段，利用人工智能、大数据、虚拟现实、云计算、5G等技术的创新应用，可以提升文化景观的展示效果和互动性。例如，通过虚拟现实技术再现传统节日场景，让游客身临其境地体验乡村文化的魅力；通过大数据分析村民的文化需求，制定个性化的文化活动方案，提高文化活动的参与度和满意度；通过云计算技术建设文化资源共享平台，实现文化资源的数字化管理和远程访问。

同时，在文化景观规划中，应注重文化设施的建设和管理，包括文化广场、展览馆、博物馆、图书馆等，通过提供丰富多样的文化服务，满足村民和游客的文化需求。可以设立文化宣传平台，利用线上线下相结合的方式，推广乡村文化，提升乡村的文化知名度和影响力。

3. 乡村文化IP（知识产权）的打造

乡村文化IP的打造是推动乡村文化产业发展的重要路径，通过塑造和推广独具特色的乡村文化品牌，可以提升乡村的文化价值和经济效益。在数字化和信息化背景下，充分利用线上平台，借助短视频、公众号等传播形式和平台，利用"网红效应"，分享乡村文化活动、农耕技艺、特色景观等，提高乡村文化IP的识别度和知名度。

打造乡村文化IP，首先需要明确乡村的文化特色和优势，提炼出具有代表性的文化元素和符号，通过系统的策划和包装形成独特的文化品牌。可以通过拍摄短视频、制作微电影、开设微信公众号等方式，展示乡村的文化魅力和风土人情，吸引更多的关注和参与。例如，可以拍摄展示传统农耕技艺的短视频，邀请网红博主进行推广，吸引年轻人的关注；可以制作介绍乡村特色美食的微电影，吸引美食爱好者前来品尝和体验。其次，需要打造具有吸引力的文化产品和服务，通过发展乡村文化旅游、推广特色农产品和手工艺品，提升乡村的经济效益和文化影响力。例如，可以打造乡村文化旅游品牌，推出一系列的旅游线路和体验项目，让游客深入了解和体验乡村文化；可以推广乡村的特色农产品和手工艺品，通过线上线下相结合的方式，扩大产品的销售渠道和市场份额。最后，还可以利用现代信息技术，建设乡村文化产业的数字化平台，实现文化资源的在线展示和交易。例如，可以建设乡村文化电商平台，提供农产品、手工艺品的在线销售服务；可以建设乡村文化直播平台，进行乡村文化活动的在线直播和互动，提高乡村文化的曝光率和影响力。

（五）智慧农业

1. 智慧农业的发展

智慧农业是现代农业发展的重要方向，它将先进的数字技术与传统农业相结合，推动农业向智能化、精准化和高效化方向发展。随着国家对农业的重视，农业教育的重要性日益凸显，更多的人开始关注和投身于农业教育事业，从而带动了乡村农业的发展。智慧农业、休闲农业、农家乐等多种农业经济形态逐渐兴起，丰富了乡村经济的内容和形式。智慧农业的发展不仅提升了农民的农业技术水平和科学生产管理能力，还促进了农业生产效率的提高和农业生产方式的转变。通过引入物联网、大数据、人工智能等现代技术手段，农民可以实时监控和管理农田环境，优化农业生产过程，实现精准农业和高效管理。例如，通过物联网技术，农民可以实时监测土壤湿度、温度、光照强度等环境参数，根据监测数据科学调整灌溉、施肥等农艺操作，从而提高农作物产量和质量，降低生产成本和资源浪费。

智慧农业的发展还推动了数字化乡村建设，通过数字技术与农业的深度融合，促进了乡村经济的转型升级。例如，在休闲农业和农家乐的发展中，数字技术的应用使得农民可以通过在线平台推广和销售农产品，吸引更多的游客和消费者，增加农民收入。同时，智慧农业的发展还促进了农业产业链的延伸和升级，通过发展农产品加工、物流配送等产业，形成了完整的农业产业链，提高了乡村经济的整体竞争力。

2. 数字化技术在智慧农业中的应用

数字化技术在智慧农业中的应用是推动农业现代化的重要手段，通过引入物联网、大数据、无人机、人工智能等先进技术，智慧农业得以实现精细化管理和高效生产。物联网技术在智慧农业中的应用主要体现在对农田环境的实时监测和智能控制上。通过在农田中部署各种传感器，农民可以实时获取土壤湿度、温度、光照强度等环境数据，根据监测数据科学调整农业生产过程，提高生产效率和资源利用效率。

大数据技术在智慧农业中的应用主要体现在对农业生产的优化和决策支持上。通过收集和分析大量的农业生产数据，农民可以了解农田的生产状况和趋势，优化农业生产过程，提高生产效率和收益。例如，通过大数据分析，可以预测作物的生长情况和病虫害发生情况，制定科学的农艺操作方案，提高农作物产量和质量，降低生产成本和风险。

无人机技术在智慧农业中的应用主要体现在精准农业作业上。通过无人机进行农田巡查、农作物监测和精准施药，农民可以大幅提高农业生产的效率和效果。例如，通过无人机进行农田巡查，可以快速发现农田中的问题和病虫害，及时采取措施进行处理；通过无人机进行精准施药，可以准确控制药剂的用量和施药范围，降低农药使用量和环境污染，提高农作物的质量和安全性。

人工智能技术在智慧农业中的应用主要体现在智能决策和自动化管理上。通过引入人工智能技术，农民可以实现农业生产的智能化管理和自动化控制，提高生产效率和管理水平。例如，通过智能灌溉系统，农民可以根据土壤湿度和天气情况自动调整灌溉量，提高水资源的利用效率；通过智能施肥系统，农民可以根据农作物的生长情况和养分需求自动调整施肥量，提高肥料利用效率和农作物产量。

3. 智慧农业的推广与应用

智慧农业的推广与应用是实现农业现代化和乡村振兴的重要途径。通过数字化技术的推广和应用，可以培育更多的数字时代新农民，提高农民的科技素养和生产管理能力，让农业成为有奔头的产业，让农民成为有吸引力的职业，让农村成为安居乐业的美丽家园。数字化乡村的发展，使农业成为一种新业态，带动了乡村的农业产业发展，形成了以产促农、以产促景的发展体系，在乡村景观规划中起到了重要的作用。

在智慧农业的推广与应用中，首先需要加强农业科技的普及和推广，提高农民的科技素养和生产管理能力。通过开展农业科技培训和技术指导，农民可以学习和掌握先进的农业生产技术和管理方法,提高农业生产效率和收益。例如,通过开展智慧农业示范项目,展示和推广先进的农业生产技术和管理模式,带动更多的农民参与智慧农业的发展。其次,需要加强农业基础设施建设和数字化平台的建设,提升农业生产的科技水平和管理效率。通过建设农业物联网平台、农业大数据平台和农业智能管理平台,农民可以实现农业生产的数字化管理和智能化控制,提高生产效率和管理水平。例如,通过建设农业物联网平台,农民可以实时监测农田环境和农作物生长情况,实现农业精准和高效管理;通过建设农业大数据平台,农民可以进行数据分析和决策支持,优化农业生产过程和管理方案。最后,需要加强农业品牌建设和市场推广,提高农业产品的附加值和市场竞争力。通过线上平台推广乡村特色农产品,提高农业附加值和市场竞争力。例如,通过建设农产品电商平台,农民可以实现农产品的在线销售和推广,扩大销售渠道和市场份额,提高农产品的销售收入;通过开展农产品品牌建设和推广活动,提升农产品的品牌知名度和市场影响力,增加农产品的附加值和市场竞争力。

(六)乡村康养

1. 乡村康养环境的优势

乡村自然环境是乡村景观规划中的重要构成要素,尤其山地资源、水文资源和植物资源丰富的乡村。在现代社会中,人们快节奏的工作和生活,使乡村休闲农业和康养环境建设拥有较大的发展机会。乡村拥有优越的自然环境和农业环境,是打造适宜康养、休闲环境的最大优势。

2. 康养景观规划与建设

康养景观的建设要建立在人与自然和谐关系的基础上,要注重乡村的生态环境、人居环境建设,同时要关注人的健康和环境的健康,这是乡村景观规划的一个重要方向。康养景观的建设不仅能够推动乡村振兴,还能促进乡村农业及相关产业的发展,形成一种新的乡村文化。康养景观的建设需要考虑不同人群的需求,包括本村村民、周边人群、城市康养人群等。

(1)疗养度假型康养景观

疗养度假型康养景观需要提供安逸放松的静谧空间,满足人们休息和放松的需求。这类景观应结合乡村的自然资源,如利用山地、水体和植被等,创建静谧的疗养空间。通过合理的景观规划和设计，营造一个远离城市喧嚣、亲近自然的疗养环境。例如，在乡村的山谷或湖畔建设疗养中心，提供安静的休息、健康的饮食以及丰富的自然体验活动。

（2）观赏游览型康养景观

观赏游览型康养景观可以充分结合乡村的自然景观和农业景观，为游客提供观赏和游览的机会。这类景观应设计丰富的景观元素，如花田、果园、稻田、生态湿地等，吸引游客前来参观和体验。例如，在乡村建设花海观光区，种植各种季节性花卉，吸引游客前来观赏和拍照，同时推广乡村的特色农产品和手工艺品。

（3）深度体验型康养景观

深度体验型康养景观应提供丰富的农业活动体验、手工创作、风俗活动和养生运动，满足人们的深度体验需求。这类景观可以设计各种参与性强的活动项目，如农事体验、手工艺制作、传统节日庆祝、养生运动等。例如，在乡村建设一个农事体验园区，游客可以亲自参与种植、收割、制作传统食品等活动，深度体验乡村生活的乐趣。

3. 数字化技术在康养景观中的应用

数字化手段对于康养景观的建设有很大帮助，如环境建设过程中的数字化技术和工具，可以打造智能设施，营造智能空间，还可以结合数字化手段展开对康养人群健康指数的记录、检测等。利用物联网技术，康养景观中的智能设施可以实时监控环境质量、设施运行状态，确保康养环境的舒适和安全。

（1）智能健康监测

针对乡村主要人群——老年人，数字化技术可以提供智能健康监测服务，随时进行血压、血糖等指标检测。通过智能健康监测设备，老年人可以实时了解自己的健康状况，及时采取必要的防治措施。例如，在康养中心设立智能健康监测站，提供定期的健康检查和咨询服务，提高老年人的健康水平和生活质量。

（2）数字化康养平台

建设数字化康养平台，通过互联网和移动应用，为康养人群提供便捷的健康管理服务。康养平台可以整合健康监测数据、康养活动信息、健康知识等，为用户提供个性化的健康管理方案。例如，用户可以通过康养平台预约健康检查、参加康养活动、获取健康建议，提升康养体验和健康管理效果。

（七）乡村旅游规划

1. 乡村旅游发展的重要性

乡村旅游的发展是推动乡村振兴的重要手段，数字化手段的加入进一步推动了乡村旅游产业的发展。乡村旅游规划带动着乡村景观的建设，需要坚持绿色发展模式，保护自然生态环境，挖掘乡村地域文化，打造农业体验场所，精选民俗活动和旅游产品，传承和创新农业发展技术等。

2. 数字化手段在乡村旅游中的应用

融合数字化手段的发展，如大数据、云计算、景区数字化管理、线上平台直播带货、增强现实技术、VR实景技术"云旅游"等，可以构建乡村智慧文旅平台，充分应用数字创意、信息技术、电商直播等，满足用户不同需求，提高乡村旅游发展服务质量，开展线上旅游活动。

（1）智慧文旅平台建设

通过智慧文旅平台，游客可以在线查询景区信息、预订门票、观看景区实景直播、参与线上活动等，提升旅游体验。例如，利用增强现实技术，游客可以在景区内通过智能手机或AR眼镜，查看景点的历史背景和文化故事，增加旅游的趣味性和互动性。

（2）景区智能监测与管理

通过乡村智慧文旅平台，实施景区智能监测系统与可视化系统一体化设计，使乡村旅游管理和服务更深入、更精细。例如，利用物联网技术，景区管理人员可以实时监控景区的客流量、环境质量、设施运行状态等，以便及时采取措施，确保景区环境的安全和舒适。

（3）数字化营销与推广

利用数字化手段进行乡村旅游的营销与推广，通过电商直播、社交媒体、短视频等平台和方式，推广乡村旅游产品和特色活动，吸引更多游客。例如，通过直播平台，旅游达人可以实时展示乡村美景和特色农产品，吸引观众前来旅游和购物，提升乡村的知名度和影响力。

第三节　智能化技术在乡村景观设计中的应用

一、智能化技术的基本概念

（一）人工智能（AI）

人工智能是一种通过机器学习和深度学习等算法，实现对数据的智能分析和处理的技术。在景观设计中，AI 技术可以发挥多种作用，包括：

1. 景观数据的智能分析

通过 AI 算法，可以对大量景观数据进行处理和分析，提取有价值的信息和模式，从而为景观设计提供科学依据。例如，通过对环境数据、植物生长数据和气候数据的分析，可以优化植物配置和景观布局，提高景观设计的科学性和美观性。AI 还可以识别景观中的问题区域，如土壤贫瘠地带、病虫害多发区等，并提出相应的改进措施，确保景观的健康和可持续发展。

2. 设计方案的自动生成和优化

AI 可以根据既定的设计规则和数据，自动生成初步的设计方案，并通过不断迭代优化，提出最优设计方案。这不仅提高了设计效率，还能确保设计质量。AI 技术可以快速生成多个设计方案供设计师选择，节省了大量的时间和人力资源。例如，在乡村公园的设计中，AI 可以根据地形、植物种类、游客流量等因素，自动生成不同的景观布局方案，并通过模拟和分析，选择最优方案。

3. 用户需求的预测和满足

通过分析用户的行为数据和反馈数据，AI 可以预测用户需求，并在设计中进行有针对性的优化，提升用户体验。例如，通过对游客流量、活动偏好和反馈数据的分析，AI 可以识别出最受欢迎的景观区域和设施，并根据这些数据进行有效改进和优化，提升景观的吸引力和设施的使用率。AI 还可以根据用户的行为模式，预测未来的需求趋势，提前进行规划和调整，确保景观始终符合用户的期望和需求。

（二）物联网（IoT）

物联网是一种通过将各种设备和传感器连接到互联网，实现设备之间的数据交换和智能控制的技术。在乡村景观设计中，IoT技术可以应用于：

1. 智能灌溉系统

通过土壤湿度传感器和天气预报数据，智能灌溉系统可以自动调整灌溉时间和水量，提高水资源的利用效率。例如，在干旱季节，系统可以增加灌溉频率，确保植物得到足够的水分；在雨季，系统可以减少灌溉，避免水资源浪费和植物过度灌溉造成的根部腐烂。智能灌溉系统的应用不仅提高了灌溉效率，还减少了人工干预和管理成本，提升了景观的维护效果和可持续性。

2. 智能照明系统

利用光照强度传感器和人流量检测装置，智能照明系统可以自动调整照明强度，达到节能效果。例如，在夜间人流量较少的情况下，系统可以自动降低照明强度，节约电能；在人们活动高峰期，系统可以增加照明强度，确保安全和视觉效果。智能照明系统的应用不仅提升了景观的美观性和安全性，还降低了能源消耗和运营成本，实现了绿色环保的目标。

3. 智能安防系统

通过监控摄像头和传感器，智能安防系统可以实时监控景观区域的安全情况，提高安全保障水平。例如，通过人脸识别技术和行为分析算法，系统可以识别出潜在的安全威胁，如可疑人员、火灾隐患等，并及时发出警报，通知管理人员。智能安防系统的应用不仅提高了景观区域的安全性，还增强了游客的安全感和信任感，为乡村景观的发展和维护提供了强有力的保障。

（三）大数据

大数据是一种通过对大量数据的采集、存储、处理和分析，为决策提供数据支持的技术。在景观设计中，大数据技术的应用包括：

1. 景观数据的采集和分析

通过传感器和数据采集设备，实时获取景观区域的各种环境数据，并通过大数据技术进行存储和分析，为景观设计和管理提供数据支持。例如，通过对气象数据、土壤数据、植被数据和游客流量数据的分析，可以全面了解景观区域的现状和变化趋势，为科学决策和优化管理提供依据。大数据技术还可以帮助识别和预测潜在的问题和风险，提出预防和改进措施，确保景观的健康和可持续发展。

2. 设计决策的依据

通过对历史数据和实时数据的分析，大数据技术可以为景观设计提供科学的决策依据，帮助设计师做出更合理的设计选择。例如，通过分析不同设计方案的效果数据，可以评估每个方案的优缺点，选择最优方案。大数据技术还可以帮助设计师了解和预测用户的需求和偏好，制定更加贴近实际需求的设计方案，提升用户的满意度和体验感。

3. 用户行为分析

通过对用户行为数据的分析，可以了解用户的需求和偏好，为景观设计提供有针对性的优化建议。例如，通过分析游客的活动路径、停留时间和反馈意见，可以识别出最受欢迎和需要改进的景观区域和设施。大数据技术还可以帮助设计师预测未来的用户需求和趋势，提前进行规划和调整，确保景观始终符合用户的期望和需求。

二、智能化技术在乡村景观设计中的创新应用

（一）智能化设施设计

智能化设施设计通过人工智能技术实现对景观设施的智能化设计，提升用户体验和设施使用效率。具体应用包括智能座椅、智能安防系统和智能垃圾桶等。

1. 智能座椅

智能座椅通过内置传感器和自动调节系统，可以根据使用者的需求，自动调整座椅的高度、角度和舒适度。例如，当使用者坐下时，座椅可以根据体重和姿势自动调整到最舒适的状态，提供个性化的使用体验。智能座椅不仅提升了使用舒适度，还能通过智能调节减少因长时间坐姿不当引起的身体不适，增加了用户的满意度。

2. 智能安防系统

智能安防系统通过监控摄像头、传感器和智能分析软件，实时监控景观区

域的安全情况。例如，通过人脸识别技术，系统可以识别和记录进入景观区域的人员，提高安全管理水平。智能安防系统不仅能实时监控安全情况，还可以通过数据分析识别潜在的安全威胁，提前预警，保障景观区域的安全。

3. 智能垃圾桶

智能垃圾桶通过传感器和自动化控制系统，可以实现垃圾的分类和自动处理。例如，当垃圾桶被装满时，系统可以自动发出通知，提醒清洁人员及时清理。这样不仅提高了垃圾处理效率，还能保持景观区域的整洁和卫生。智能垃圾桶的应用体现了环保理念，通过智能管理减少垃圾污染，提升了公共卫生水平。

（二）智能化监测系统

智能化监测系统通过大数据技术实现对乡村景观的智能化监测，为景观管理提供科学依据和决策支持。具体应用包括环境监测系统、水资源管理系统和植被健康监测系统等。

1. 环境监测系统

环境监测系统通过传感器和数据分析系统，实时监测景观区域的环境状况，包括空气质量、水质、土壤湿度等。例如，当空气质量下降时，系统可以自动发出警报，并采取相应的治理措施，确保景观区域的环境质量。环境监测系统不仅为景观管理提供了科学依据，还能及时发现环境问题，采取有效措施进行治理，保障景观区域的生态健康。

2. 水资源管理系统

水资源管理系统通过传感器和自动化控制系统，实时监测和管理景观区域的水资源使用情况。例如，当土壤湿度低于设定值时，系统可以自动启动灌溉设备，确保植物得到足够的水分供应。水资源管理系统不仅提高了水资源利用效率，还能根据实际需求进行科学调配，避免水资源浪费，促进水资源的可持续利用。

3. 植被健康监测系统

植被健康监测系统通过传感器和数据分析系统，实时监测景观植物的健康状况。例如，当系统检测到植物出现病虫害或营养不足时，可以自动发出警报，并提出相应的处理措施，确保植物的健康生长。植被健康监测系统通过科学的监测和管理，保障了景观植物的健康，提升了景观的美观性和生态价值。

第七章 乡村景观设计的实施与管理

第一节 乡村景观设计的实施策略

一、实施策略的制定

实施策略的制定是乡村景观设计项目能否顺利进行并取得成功的关键一步。有效的实施策略不仅能够为项目提供清晰的方向和步骤，还能够最大程度地降低项目实施过程中的不确定性和风险。

（一）明确项目的总体目标和具体目标

需要明确项目的总体目标和具体目标。这些目标通常包括生态保护、文化传承、经济发展等方面。在生态保护方面，需关注当地的自然环境，保持和改善生态系统的健康和稳定；在文化传承方面，需保护和弘扬当地的历史文化，促进文化的延续和发展；在经济发展方面，通过景观设计带动当地旅游业、农业等相关产业的发展，提高当地居民的生活水平和经济收入。

（二）进行背景调查和现状分析

背景调查和现状分析是制定实施策略的基础。在这一阶段，需对项目所在地的自然环境、历史文化、社会经济状况等进行详细调查和分析。自然环境方面的调查，包括地形地貌、水文条件、植被覆盖、野生动植物等；历史文化方面的调查，包括历史遗迹、传统建筑、民俗文化等；社会经济状况方面的调查，包括人口结构、经济结构、基础设施等。这些信息将为实施策略的制定提供科学依据。

（三）组织专家团队进行深入讨论

在背景调查和现状分析的基础上，需组织专家团队进行深入讨论，结合多方意见制定切实可行的实施方案。专家团队应包括生态学、环境科学、景观设计、文化遗产保护、经济学等领域的专家，以确保方案的科学性和可行性。讨论过程中，应充分考虑各方面的意见和建议，进行多轮论证和修改，最终形成一套综合性强、操作性强的实施方案。

（四）考虑资金预算、时间安排和风险管理

资金预算、时间安排和风险管理是实施策略制定过程中需要重点考虑的三个方面。在资金预算方面，需要详细估算项目的各项费用，包括设计费、施工费、维护费等，并明确资金来源和使用计划；在时间安排方面，需要制定详细的项目进度表，明确各阶段的工作内容和时间节点，确保项目按计划进行；在风险管理方面，需要识别项目实施过程中可能遇到的风险，如自然灾害、技术问题、社会矛盾等，并制定相应的应对措施，降低风险对项目的影响。

二、实施过程的管理

（一）建立高效的项目管理体系

高效的项目管理体系是项目顺利实施的重要保障。在这一体系中，需要明确各参与方的职责和任务，确保信息的及时传递和人员的高效沟通。应建立科学合理的管理架构，包括项目管理委员会、项目经理、各专业小组等，架构中各层级需明确各自的职责和权限。

项目管理委员会作为项目的最高决策机构，负责项目的总体规划和协调工作。委员会成员应包括政府部门代表、设计单位代表、施工单位代表以及社区代表，以确保各方利益和需求得到充分考虑。项目管理委员会的职责主要包括审定项目总体规划、协调各方资源、解决重大问题等。

项目经理是项目实施过程中的核心人物，负责项目的具体实施和监督工作。项目经理应具备丰富的项目管理经验和专业知识，能够有效协调各方关系，确保项目按计划进行。项目经理的职责包括制定施工计划、协调施工队伍、监督施工进度和质量、处理突发事件等。

各专业小组负责各自领域的具体工作，包括设计小组、施工小组、环境保护小组等。各专业小组应在项目经理的统一领导下，按照既定的职责分工，密切合作，确保各项工作顺利进行。例如，设计小组负责项目的具体设计工作，施工小组负责工程的具体施工，环境保护小组负责施工过程中的环境保护工作。

（二）制定详细的施工计划和进度安排

施工计划和进度安排是项目实施过程中的重要工作内容。制定详细的施工计划和进度安排，有助于确保各项工作按计划进行，并能够及时发现和解决问题，避免因进度延误而影响项目整体进展。

施工计划需详细列出各阶段的工作内容、时间节点、责任人等，确保各项工作有序开展。施工计划的制定应以项目总体规划为基础，充分考虑各项工作的实际情况和相互关系。施工计划应包括前期准备工作、基础工程、主体工程、细部工程、验收与交付等各个阶段的具体内容和时间安排。

进度安排需合理，既要考虑各项工作的实际情况，又要留有一定的余地，确保项目能够按时完成。制定进度安排时，应充分考虑天气、季节等外部因素对施工的影响，确保施工进度的可控性。例如，在雨季施工时，应安排防水、防潮等措施，以避免因天气原因导致的工期延误。在寒冷季节施工时，应考虑冬季施工的特殊要求，如防冻、防寒等。此外，在施工计划和进度安排的制定过程中，还需考虑资源的合理配置和使用，包括人力资源、物资资源、设备资源等。通过合理调配资源，确保各项工作能够按时完成，提高施工效率和质量。

（三）建立质量控制机制

质量控制机制是保证项目质量的重要手段。在项目实施过程中，需要定期对施工质量进行检查和评估，确保工程符合设计要求。质量控制机制应包括施工前的准备工作、施工过程中的检查和验收、施工后的维护和保养等环节。

施工前的准备工作是质量控制的重要环节之一。准备工作包括材料采购、设备检验、人员培训等。材料采购应严格按照设计要求和规范进行，确保所采购的材料符合质量标准。设备检验是确保施工设备正常运行的重要措施，应对施工设备进行全面检查和维护,确保其处于良好的工作状态。人员培训是提高施工人员专业素质和操作技能的重要手段,通过系统的培训,使施工人员明确施工技术和质量要求,以提高施工质量。

施工过程中的检查和验收是质量控制的核心内容。检查和验收工作应贯穿施工全过程,包括基础工程、主体工程、细部工程等各个环节。基础工程的检查和验收主要包括地基处理、基础施工等,以确保地基稳固、基础施工质量合格。主体工程的检查和验收主要包括结构施工、安装施工等,以确保结构稳固、安装正确。细部工程的检查和验收主要包括装饰施工、绿化施工等,以确保装饰美观、绿化效果良好。

施工后的维护和保养是保证项目长期质量的重要措施。维护和保养工作包括绿化植物的养护、景观设施的维护等。绿化植物的养护应包括浇水、施肥、修剪、病虫害防治等,确保绿化植物健康生长。景观设施的维护应包括定期检查、维修、更换等,确保景观设施的正常使用和美观效果。

(四)注重环境保护

在乡村景观设计项目的实施过程中,环境保护是一个重要的方面。在施工过程中,需要采取相应措施减少对周围环境的影响,包括噪声控制、粉尘控制、废水处理等。

噪声控制是施工过程中的重要措施之一。施工过程中产生的噪声会对周围居民和环境产生不良影响,应采取措施减少噪声。例如,可以在施工现场设置隔音屏障,减少噪声的传播;可以合理安排施工时间,避免在居民休息时间进行高噪声作业。

粉尘控制是减少施工过程中空气污染的重要措施。施工过程中产生的粉尘会对空气质量产生不良影响,应采取措施减少粉尘。例如,可以在施工现场设置喷雾装置,减少空气中的粉尘含量;可以对施工材料进行覆盖,防止粉尘飞扬。

废水处理是保护水环境的重要措施。施工过程中产生的废水会对周围水环境产生不良影响,应采取措施处理废水。例如,可以在施工现场设置沉淀池,对废水进行沉淀处理,去除废水中的悬浮物;可以设置污水处理设施,对废水进行处理,达到排放标准后再进行排放。

施工现场的生态保护也是环境保护的重要内容。在施工过程中，应注意保护施工现场及周边的自然生态环境。例如，可以在施工现场设置保护区，保护野生动植物的生存环境；可以采取措施防止水土流失，保护水土资源。

施工结束后，还需进行环境恢复工作，确保施工现场的生态环境得到恢复和改善。环境恢复工作包括植被恢复、土壤恢复、水体恢复等。植被恢复是环境恢复的重要内容，可以通过种植绿化植物，恢复施工现场的植被覆盖。土壤恢复是提高土壤质量的重要措施，可以通过施肥、改良土壤等措施，恢复施工现场的土壤质量。水体恢复是保护水资源的重要措施，可以通过清理河道、治理水污染等措施，恢复施工现场的水环境。

第二节　乡村景观设计的管理模式

一、管理模式的选择

乡村景观设计项目的管理模式选择直接关系项目的成功与否。常见的管理模式包括政府主导模式、社区参与模式和市场导向模式。在实际操作中，往往需要根据项目的具体情况，选择或综合运用不同的管理模式，以达到最佳效果。

（一）政府主导模式

政府主导模式适用于那些需要大量公共资源投入的项目，该模式具有较强的政策支持和较多的资金保障。在这一模式下，政府作为项目的主要推动者和管理者，负责项目的总体规划、资金筹措、政策支持等工作。这种模式的优势在于政府能够集中资源，提供强有力的政策保障和资金支持，确保项目顺利实施。然而，这种模式也存在一定的局限性，如管理层级复杂、执行效率较低等。因此，在采用政府主导模式时，需要加强各级政府部门的协调合作，形成合力，共同推进项目的实施。

在政府主导模式中，政府部门需承担起主要的责任，制定总体规划，协调各方资源，确保项目的整体推进。具体而言，政府需负责项目的前期调研和规划，确保项目符合国家和地方的政策导向和发展规划。同时，需积极筹措项目资金，确保资金的及时到位和合理使用。此外，需制定相关政策和法规，提供政策支持和保障，确保项目的顺利实施。

（二）社区参与模式

社区参与模式强调居民的参与和互动，这有利于增强社区的凝聚力和归属感，适用于规模较小、文化特色突出的项目。在这一模式下，社区居民作为项目的主要参与者和受益者，积极参与项目的规划、设计、实施和管理，增强了项目的社会认同感和可持续性。这种模式的优势在于居民参与度高、社会效益明显，但也存在一定的挑战，如居民的组织协调难度大、参与能力不足等。因此，在采用社区参与模式时，需要加强社区居民的组织和动员，提供必要的培训和支持，提高其参与能力和积极性。

社区参与模式的关键在于如何有效激发居民的参与热情和积极性。在项目的前期阶段，可以通过召开社区会议、座谈会等形式，充分听取居民的意见和建议，确保项目设计符合社区居民的需求和愿望。在项目实施过程中，可以组织居民参与项目的具体实施和管理，如参与绿化植树、景观维护等工作，增强居民的责任感和归属感。此外，还可以通过开展各种社区活动，如文化节、艺术展等，增强社区的文化氛围和凝聚力。

（三）市场导向模式

市场导向模式注重市场机制的引入，通过吸引社会资本参与，实现项目的可持续发展。在这一模式下，市场作为项目的主要推动者和管理者，通过市场化运作，吸引社会资本参与项目的投资、建设和运营。这种模式的优势在于资源配置效率高、项目运作灵活，但也存在一定的风险，如市场波动、利益冲突等。因此，在采用市场导向模式时，需要加强市场监管，确保项目的公平、公正和透明，提高社会资本的投资信心和参与积极性。

在市场导向模式中，政府和市场需形成良好的互动关系，共同推动项目的实施。政府需制定相关政策和法规，提供政策支持和保障，确保市场运作的规范性和透明度。同时，需积极引导社会资本参与项目的投资和建设，提供必要的支持和服务，确保项目的顺利推进。在项目运行过程中需通过市场化运作，合理配置资源，提高项目的运作效率和经济效益。同时，也需遵守相关法规和规范，确保项目的社会效益和环境效益。

二、管理机制的建立

管理机制的建立是保证项目有效运行的重要保障。科学合理的管理机制能够提高项目的管理水平和效率，确保项目的顺利实施和可持续发展。

（一）建立科学合理的组织结构

科学合理的组织结构是管理机制的基础。在项目实施过程中，需要建立一个高效的组织结构，明确各级管理人员的职责和权限，确保管理工作的高效开展。组织结构应包括项目管理委员会、项目经理、各专业小组等，以形成层次分明、职责明确的管理体系。项目管理委员会负责项目的总体规划和协调，项目经理负责项目的具体实施和监督，各专业小组负责各自领域的具体工作。

（二）建立完善的规章制度

规章制度是管理机制的重要组成部分。在项目实施过程中，需要建立一套完善的规章制度，对项目的各个环节进行规范和约束，包括设计、施工、验收、维护等方面。规章制度应包括工作流程、操作规范、质量标准等，以确保项目的各项工作有章可循，有据可依。

工作流程应详细列出各项工作的具体步骤和要求，确保各项工作有序开展。操作规范应包括各项工作的具体操作方法和技术要求，确保各项工作的操作规范和技术标准。质量标准应包括各项工作的质量要求和评估标准，确保项目的各项工作符合设计要求和质量标准。此外，还需建立信息化管理系统，实现对项目全过程的动态监控和管理，提高工作效率和管理水平。信息化管理系统应包括项目管理软件、信息共享平台、远程监控系统等，以实现对项目的实施进行监控和管理，提高项目的透明度和可控性。

（三）建立绩效考核机制

绩效考核机制是提高工作质量和效率的重要手段。在项目实施过程中，需要建立一套科学合理的绩效考核机制，对参与人员的工作进行定期考核和评价，激励其提高工作质量和效率。绩效考核机制应包括考核指标、考核方法、考核程序等，确保考核工作的科学性和公正性。考核指标应包括工作质量、工作效率、工作态度等，确保考核的全面性和客观性。考核方法应将定量考核和定性考核相结合，确保考核的科学性和准确性。考核程序应包括考核计划、考核实施、考核总结等，确保考核工作的系统性和规范性。

通过绩效考核，可以发现工作中的不足和问题，及时采取措施加以改进。同时，绩效考核结果应与奖励和惩罚机制相结合，对表现优秀的人员给予奖励，对表现不佳的人员给予相应的惩罚，激励参与人员提高工作质量和效率。

（四）建立公众参与机制

公众参与机制是增强项目透明度和公信力的重要手段。在项目实施过程中，需要建立公众参与机制，鼓励公众和相关利益方积极参与项目的管理和监督，增强项目的透明度和公信力。公众参与机制应包括信息公开、公众咨询、公众参与等，确保公众参与的广泛性和有效性。信息公开是公众参与的基础，应及时、全面、准确地向公众公开项目的相关信息，包括项目的总体规划、实施进展、资金使用情况等，确保公众的知情权。公众咨询是公众参与的重要途径，可以通过召开公众咨询会、座谈会等形式，听取公众的意见和建议，确保项目的设计和实施符合公众的需求和期望。公众参与是公众监督的重要手段，可以通过设立公众参与委员会、开展公众监督活动等，增强公众的参与感和责任感，确保项目的透明度和公信力。

第三节　乡村景观设计实施中的问题与对策

一、实施过程中遇到的问题

在乡村景观设计的实施过程中，常常会遇到各种问题和挑战。这些问题和挑战不仅影响项目的进度和质量，还可能导致项目最终失败。因此，必须全面认识和分析这些问题，并提出有效的解决对策。

（一）资金不足

资金不足是乡村景观设计项目中普遍存在的问题之一。许多项目由于缺乏足够的资金支持，无法按计划进行，甚至被迫中途停工。资金不足的问题主要表现在以下几个方面：

1. 项目缺乏启动资金

许多乡村景观设计项目在启动阶段难以获得足够的资金支持，导致项目无法按计划启动。这一问题的原因主要包括地方财政困难、项目资金申请渠道不畅、社会资本参与度低等。项目启动资金的缺乏不仅影响项目的整体进度，还可能导致项目规划和设计阶段的工作不充分，继而影响后续实施效果。

2. 项目实施过程中资金链断裂

在项目实施过程中，资金链断裂是一个常见且严重的问题。资金链断裂可能导致施工进度受阻，甚至项目中途停工。造成资金链断裂的原因主要包括预算编制不合理、资金管理不善、外部经济环境变化等。资金链断裂不仅会延误工期，还可能导致施工质量问题，增加项目的整体成本。

3. 项目后期维护资金不足

项目后期维护资金不足是项目质量难以保证的主要原因之一。乡村景观设计项目在完成建设后，需要持续地维护和管理，才能保持良好的景观效果和生态功能。然而，许多项目在完成建设后，缺乏足够的维护资金，导致景观设施和绿化植物逐渐老化和损坏，影响项目的长期效果和可持续性。

（二）技术人员的匮乏和施工队伍的专业素质不高

技术人员的匮乏和施工队伍的专业素质不高，也是乡村景观设计项目中常见的问题之一。由于乡村地区的地理位置偏远，吸引专业技术人才较为困难，导致项目在设计和施工过程中缺乏专业技术指导和支持。此外，施工队伍的专业素质不高也是一个重要问题，许多施工队伍缺乏专业培训和技术支持，致使施工质量和效率难以保证。

1. 专业技术人才匮乏

乡村地区由于地理位置偏远、生活条件相对艰苦，难以吸引和留住专业技术人才。缺乏专业技术人才，导致项目在规划设计阶段缺乏科学指导，从而影响项目的设计质量和效果。同时，技术人员的缺乏还会影响施工阶段的技术指导和监督，增加施工过程中出现质量问题的风险。

2. 施工队伍专业素质不高

施工队伍的专业素质不高是影响施工质量和效率的重要因素。许多乡村景观设计项目的施工队伍缺乏专业培训和技术支持，施工技术和管理水平较低，导致施工质量和效率难以保证。此外，施工队伍的专业素质不高还可能导致施工过程中出现安全问题，增加项目的风险。

（三）居民的参与度和认同感较低

乡村景观设计项目的成功实施离不开当地居民的参与和支持。然而，许多项目在实施过程中面临居民参与度和认同感较低的问题。居民对项目的理解和支持不足，导致项目难以获得居民的支持和配合。这一问题的原因主要包括居民对项目的认识不足、项目设计未能充分考虑居民的需求和利益等。

1. 居民对项目的认识不足

许多乡村景观设计项目在实施过程中，未能充分向居民宣传和解释项目的目的、内容和意义，导致居民对项目的认识不足。居民对项目认识不足，容易产生误解和抵触情绪，影响项目的实施效果。此外，居民对项目认识不足还可能导致项目实施过程中缺乏居民的积极参与和配合，影响项目的整体进度和质量。

2. 项目设计未能充分考虑居民的需求和利益

项目设计未能充分考虑居民的需求和利益，也是导致居民参与度和认同感较低的重要原因之一。许多项目在设计过程中，未能充分听取居民的意见和建议，导致项目设计与居民的实际需求和利益不符。居民对项目设计不满意，也容易产生抵触情绪，影响项目的实施效果。

（四）环境保护与开发利用之间的矛盾

环境保护与开发利用之间的矛盾是乡村景观设计项目中一个需要解决的重要问题。乡村景观设计项目在改善乡村环境、提升乡村品质的同时，往往也会对生态环境产生一定的影响。

1. 生态环境的保护压力

在乡村景观设计项目中，生态环境的保护压力主要表现在土地资源、水资源、生物多样性等方面。项目在实施过程中，可能需要占用一定的土地资源，影响当地的自然生态环境。此外，施工过程中产生的废水、废气、固体废弃物等，可能对当地的水资源和空气质量造成污染，影响生态环境的健康。

2. 资源开发利用的需求

乡村景观设计项目在改善乡村环境、提升乡村品质的同时，也需要合理开发利用当地的自然资源和人文资源，促进经济发展。然而，资源开发利用的需求与生态环境的保护目标往往存在一定的矛盾。如何在保护生态环境的前提下合理开发利用资源，实现生态保护与经济发展的双赢，是一项艰巨的任务。

二、针对问题的解决对策

（一）解决资金不足问题

资金不足是乡村景观设计项目中最普遍且最具挑战性的问题之一。有效解决这一问题，需要采取多渠道筹集资金，合理编制预算，控制项目成本，并提高资金使用效率。

1. 争取政府财政支持

政府作为乡村景观设计项目的主要推动者和支持者，可以通过多种方式为项目提供资金支持。政府财政拨款和专项基金是最直接的支持方式。通过设立专项基金，政府可以集中资源，确保重点项目的顺利实施。此外，政府可以出台优惠政策，鼓励企业和社会团体参与项目投资。例如，通过税收减免、补贴等政策手段，吸引更多的社会资本投入乡村景观设计项目。政府还可以发挥主导作用，通过政策引导，形成多元化的资金筹措模式，确保项目资金的持续和稳定。

2. 引入社会资本

通过市场化运作，引入社会资本参与项目投资和运营，是解决资金不足问题的有效途径之一。可以采取PPP（政府和社会资本合作）模式，吸引社会资本参与项目的建设和运营。PPP模式不仅可以分担项目的资金压力，还可以引入先进的管理经验和技术，提高项目的运作效率和质量。在PPP模式下，政府和社会资本形成良性互动,政府提供政策支持和保障,社会资本提供资金和技术支持,双方共同推进项目的实施和发展。

3.开展公益募捐

公益募捐也是筹集项目资金的重要方式之一。通过组织公益活动、设立捐赠平台等方式,动员社会力量参与项目的资金筹措。例如,可以组织义卖、慈善晚会等活动,吸引社会各界的捐赠和支持。同时,可以利用互联网平台,设立在线捐赠渠道,方便社会公众参与捐赠活动。通过公益募捐,不仅可以筹集到必要的资金,还可以提升项目的社会影响力和公众认同度。

(二)提高技术人员的专业素质和施工队伍的技术水平

技术人员的专业素质和施工队伍的技术水平直接影响项目的质量和效率。因此,提高技术人员的专业素质和施工队伍的技术水平,是确保项目顺利实施和高质量完成的重要措施。

1.加强培训,提高施工人员的专业素质和技术水平

通过组织专业培训,提高施工人员的专业素质和技术水平,是提升项目质量和效率的有效手段。培训内容应包括施工技术、质量控制、安全生产、环境保护等方面。施工技术培训应重点提高施工人员的操作技能和技术水平,确保施工过程中的技术规范和质量标准得到严格执行。质量控制培训应使施工人员掌握质量管理的基本方法和技术,确保工程质量符合设计要求和标准。安全生产培训应增强施工人员的安全意识和安全生产操作技能,减少施工过程中的安全事故。环境保护培训应使施工人员了解环境保护的重要性和基本方法,减少施工过程对环境的影响。

2.聘请专业团队进行技术指导和支持

在项目实施过程中,可以聘请专业的设计和施工团队进行技术指导和支持。专业团队具有丰富的项目管理经验和专业技术能力,能够提供全面的技术支持和指导。例如,聘请有经验的设计师进行项目规划和设计,确保项目设计的科学性和合理性;聘请专业的施工团队进行施工指导和监督,确保施工质量和进度。通过引入专业技术力量,弥补乡村地区技术人员的匮乏,提高项目的技术水平和施工质量。

(三)提高居民的参与度和认同感

乡村景观设计项目的成功实施离不开当地居民的参与和支持。提高居民的参与度和认同感，可以增强项目的社会认同度和可持续性。

1. 通过宣传教育，增强居民对项目的理解和支持

通过开展宣传教育活动，提高居民对乡村景观设计项目的认识和理解，是提高居民参与度和认同感的重要手段。宣传教育活动应包括项目的总体目标、实施方案、预期效果等内容，使居民了解项目的目的和意义。可以通过发放宣传资料、举办座谈会、开展现场参观等方式，向居民介绍项目的具体内容和进展情况。通过宣传教育，能够增强居民对项目的认同感和支持度，提高居民参与项目的积极性和主动性。

2. 开展社区参与活动，鼓励居民积极参与项目的设计和管理

通过组织社区参与活动，鼓励居民积极参与项目的设计和管理，是增强居民参与感和责任感的重要途径。社区参与活动可以包括居民意见征集、社区座谈会、社区参观学习等形式。在项目设计阶段，可以组织居民参与意见征集活动，听取居民对项目设计的意见和建议，确保项目设计符合居民的需求和利益。在项目实施阶段，可以组织居民参与社区座谈会，听取居民对项目实施过程的反馈和建议，确保项目实施过程充分考虑居民的利益和需求。在项目完成后，可以组织居民参观学习，提高居民对项目的认同感和满意度。

(四)解决环境保护与开发利用之间的矛盾

环境保护与开发利用之间的矛盾是乡村景观设计项目中需要解决的重要问题。通过科学规划并采取生态友好的设计和施工技术，可以实现生态保护与经济发展的双赢。

1. 通过科学规划，合理布局，减少对环境的破坏

在项目规划设计过程中，应充分考虑生态环境的保护，合理布局项目的各个功能区，减少对环境的破坏，是解决环境保护与开发利用之间矛盾的重要手段。科学规划应包括环境影响评估、生态保护区划定、环境保护措施制定等内容。环境影响评估是项目规划设计的重要环节，通过对项目实施过程中可能产生的环境影响进行科学评估，提出相应的环境保护措施，确保项目实施不会对

生态环境造成重大影响。生态保护区划定是保护生态环境的重要措施,通过划定生态保护区,保护重要的生态资源和生物多样性,确保项目实施过程中生态环境的健康和稳定。环境保护措施制定是减少环境破坏的重要手段,通过制定一系列环境保护措施,确保项目实施过程对环境的影响降到最低。

2.采取生态友好的设计和施工技术,实现可持续发展

在项目实施过程中,采用生态友好的设计和施工技术,减少对环境的破坏,能够实现项目的可持续发展。生态友好的设计和施工技术包括绿色建筑技术、低影响开发技术、生态恢复技术等。绿色建筑技术是通过采用节能环保的建筑材料和技术,减少建筑对环境的影响,降低能源消耗,提高建筑的可持续性。低影响开发技术是通过采用自然排水、雨水收集、绿地覆盖等措施,减少开发过程对自然环境的影响,保护水资源和土壤资源。生态恢复技术是通过恢复和重建受损的生态系统,改善生态环境,提高生物多样性,实现生态环境的可持续发展。

参考文献

[1] 卢晓宇.基于旅游产业发展的乡村景观提升设计研究——以霍山县诸佛庵镇为例[J].城市住宅,2021,28(02):175-176.

[2] 谢蓓.基于乡村振兴视角下体验式景观设计的创新探索[J].艺术大观,2021(10):81-82.

[3] 王莉莎.乡村振兴下村落景观保护与更新设计研究初探[J].居舍,2021(06):102-103.

[4] 陈梦瑶.乡村振兴背景下的可食性农业观光园景观规划设计——以登封西沟村农业观光园为例[J].食品界,2021(03):88-89.

[5] 李芬.乡村振兴背景下的景观规划研究[J].华中建筑,2020,38(12):139-141.

[6] 王莉莎.乡村振兴下村落景观保护与更新设计研究初探[J].居舍,2021(06):102-103.

[7] 吕桂菊,刘大亮.鲁中山区乡村景观个性特质评价研究[J].中国园林,2020,36(2):85-90.

[8] 刘孟棠,肖歆婷.数字化乡村文化建设与振兴新途径——以麻城市龟山镇"一镇一体验"项目为例[J].互联网周刊,2022(15):45-47.

[9] 江盈盈,叶佳欣,孙文煜.数字化改革背景下乡村未来社区建设路径研究——以浙江省龙游县溪口乡村未来社区为例[J].农村经济与科技,2022,33(3):231-234.

[10] 董婷婷.乡村振兴背景下安徽省乡村旅游数字化发展探析——以芜湖霭里村为例[J].滁州学院学报,2022,24(3):30-33+38.

[11] 段胜峰,蒋金辰,皮永生.比淘宝多一里:设计介入乡村供销模式的实践与研究[J].装饰,2018(04):28-33.

[12] 孙铭.新农村景观规划的更新与保留[J].现代园艺,2018(14):

85-86.

[13] 林箐.乡村景观的价值与可持续发展途径[J].风景园林,2016(08):27-37.

[14] 杨忠强,宋为,项浩.科技共享导向下的空间发展路径探索[J].智能建筑与智慧城市,2020(01):105-108+111.

[15] 陈圆圆,莫敷建.腾讯为村:"互联网+"中的为多数人设计[J].装饰,2018(04):16-22.

[16] 马志宇.城镇形象与环境艺术可持续发展设计理论研究[J].黑龙江科技信息,2014(07):206.